U0258044

中等职业教育课程改革规划新教材
机械工业职业教育专家委员会审定

金属加工与实训

——焊工实训

主　编　沈　辉　何安平

参　编　谷廷宝　王清晋　张祥敏　杨秀丽

　　　　陈春宝　王晓光　王　静

机 械 工 业 出 版 社

"金属加工与实训——焊工实训"是中等职业学校机械类及工程技术类相关专业的一门基础操作技能课程。为适应中职教育的发展并加强学生动手能力的培养，本书将焊接技能实训项目进行了优选和整合，并以初、中级焊工国家职业标准为依据进行编写。

本书共分七个模块，系统地讲述了焊工安全文明生产知识及操作规程、焊接常用工具和量具的使用、焊条电弧焊、气焊与气割、CO_2 气体保护焊、手工钨极氩弧焊等基本知识及操作技能。教学方式以学生实际操作为主线，按照"知识讲解→教师演示→学生实操训练→教师巡回指导和评价"几个环节进行。

本书侧重基本操作技术的传授和动手能力的培养；突出焊接操作技能的训练；培训学生了解焊工的基本操作知识，正确使用常用工具，培养其遵守安全操作规程、安全文明生产的良好习惯，以及使其具有严谨的工作作风和良好的职业道德。

本书内容丰富翔实、深入浅出、图文并茂、实用性强，适用于中等职业学校机械类及工程技术类专业学生学习，也可供从事焊工培训和自学人员阅读。

图书在版编目（CIP）数据

金属加工与实训. 焊工实训/沈辉，何安平主编. —北京：机械工业出版社，2011. 12（2023. 1 重印）

中等职业教育课程改革规划新教材

ISBN 978-7-111-36846-5

Ⅰ. ①金…　Ⅱ. ①沈…②何…　Ⅲ. ①金属加工－中等专业学校－教材②焊接－中等专业学校－教材　Ⅳ. ①TG

中国版本图书馆 CIP 数据核字（2011）第 264451 号

机械工业出版社（北京市百万庄大街 22 号　邮政编码 100037）

策划编辑：齐志刚　责任编辑：齐志刚　王亚明

版式设计：霍永明　责任校对：姜　婷

封面设计：姚　毅　责任印制：郜　敏

北京盛通商印快线网络科技有限公司印刷

2023 年 1 月第 1 版第 4 次印刷

184mm×260mm · 12. 25 印张 · 314 千字

标准书号：ISBN 978-7-111-36846-5

定价：39. 00 元

电话服务　　　　　　　　网络服务

客服电话：010-88361066　机　工　官　网：www. cmpbook. com

　　　　　010-88379833　机　工　官　博：weibo. com/cmp1952

　　　　　010-68326294　金　书　网：www. golden-book. com

封底无防伪标均为盗版　机工教育服务网：www. cmpedu. com

前　言

　　为贯彻《国务院关于大力发展职业教育的决定》精神，落实《教育部关于进一步深化中等职业教育教学改革的若干意见》的要求，确保新一轮中等职业教育教学改革顺利进行，全面提高教育教学质量，教育部新制订了中等职业学校德育课、文化基础课等必修课程和部分大类专业基础课教学大纲。本书是根据教育部于 2009 年发布的《中等职业学校金属加工与实训教学大纲》编写，同时兼顾职业技能鉴定的需求，参考了相关工种国家职业标准中对焊工知识的要求。

　　本书以国家初、中级焊工职业标准中的实际操作内容为主要标准，主要介绍了焊工安全知识、焊接常用工具和量具的使用、焊条电弧焊、气焊与气割、CO_2 气体保护焊、手工钨极氩弧焊等焊接方法使用的设备、工具、焊接参数、操作要领、注意事项等。本书着重基本操作技术的传授和动手能力的培养，结合实际考核项目的要求进行操作技能训练，突出焊工基本操作技能的训练，以培养读者在实践中分析和解决问题的能力。本书遵从中等职业学校学生的认知规律，力求教学内容让学生"乐学"和"能学"，并结合"任务驱动"式教学方法，重新构建专业知识体系，把教学内容分解到精心设计的一系列任务中，通过让学生自己完成任务来学习知识、掌握技能。这种方法对于培养学生分析问题、解决问题的能力，激发和维持学生学习的积极性等有着独特的优势。在结构安排和表达方式上，本书强调由浅入深、循序渐进、师生互动和学生自主学习，通过大量的案例和图文并茂的表达方式，使学生真正达到在做中学、在学中做，非常适合中职学生的学习。为与国际接轨，体现教材的先进性，本教材采用了最新国家标准和国家实施的国际单位制。

　　本书在编写过程中，始终坚持以学生为导向，以企业用人标准为依据，在专业知识的安排上，紧密联系培养目标的特征，坚持够用、实用的原则，摒弃偏难、偏旧的理论知识，同时进一步加强技能训练的力度，特别是加强基础技能和核心技能的训练。在最后一个模块中设计了一个综合性的训练。

　　本书由沈辉、何安平主编，编写人员及分工如下：模块一和模块三的任务八至任务十一由沈辉编写，模块三中的任务一至任务七、任务十二由谷廷宝编写，模块二和模块六由杨秀丽、王清晋编写，模块四和模块五由张祥敏、何安平编写，模块七由王静编写。此外，有多年实践经验，多次在省、市举办的焊接大赛中获个人奖，指导参赛学生也多次获得金奖的陈春宝和王晓光也参与编写了本书部分内容。

　　编写过程中，编者参阅了许多国内外出版的有关培训教材和资料，得到了各有关职业院校教师和工厂一线培训专家的有益指导，在此一并表示衷心感谢！

　　由于作者水平有限，书中不妥之处在所难免，恳请读者批评指正。

编　者

目　录

模块一 焊工安全文明生产知识及操作规程

任务一 焊接与切割安全文明生产知识

学习目标

本任务介绍各种焊接与切割安全方面的知识，增强学生安全意识。

知识学习

焊接是指通过加热或加压，或两者并用，并且用或不用填充材料，使工件达到结合的一种方法。在各种金属加工工艺方法中，焊接属于永久性连接加工，在机械制造中占有重要地位。其中，金属焊接在各行业中应用广泛，尤其在机械、化工、石油、建筑、造船业等工业领域中更是不可或缺。

一、焊接与切割中的危险和有害因素

焊接与切割技术是广泛应用于现代工业化生产过程中的一项加工工艺。目前，应用最普遍的焊接方法是气焊和电焊。由于在焊接作业操作过程中操作者本人、他人和周围设施的安全可能会受到重大危害，因此国家将此类作业列入特种作业的范畴，将焊接与切割作业人员列为特种作业人员。

1. 火灾与爆炸

在气焊、气割作业中，通常使用乙炔、液化石油气、氧气等作为主要能源，这些物品属可燃易爆危险物品；同时又使用各种压力容器，如氧气瓶、乙炔瓶和液化石油气瓶。在焊割作业过程中，无论电焊还是气焊，由于采用明火作业，都会产生炽热的金属火星。在一些特殊的焊接作业中，如在容器和管道的焊接作业中，若未采取置换、冲洗、吹除等消除残留物的措施；对焊接作业现场、周围没有进行检查，消除易燃物品；在电弧焊焊接作业时电源线路短路，过载运行，导线接触不良、松脱等，都很容易构成火灾、爆炸的条件，从而导致相应伤亡事故的发生。

2. 灼烫

焊接过程中，大量的金属熔渣四处飞溅，是造成烧伤和烫伤事故的主要热源。若焊工

没有按规定穿戴好工作服和劳动防护用品，很容易造成灼烫事故。

3. 触电

触电是发生在焊条电弧焊作业中的主要事故。在焊接过程中，当手或身体的某部位接触到焊钳的带电部分，在接线或调节电焊设备时身体碰到接线柱、极板，或在登高焊接时触及或靠近高压电网等都会发生直接触电事故。

4. 高处坠落

由于焊接作业操作的特殊性，当从事高空焊接作业时（登高超过2m，即为高空作业），若违反高空作业安全操作规程或没有穿戴好个人防护用品等，就容易发生高处坠落伤亡事故。

5. 机械伤害

在焊接过程中，由于经常要移动和翻转笨重的焊件，或者躺卧在金属结构、机械设备下面进行仰位焊操作，或者在虽停止运转但未切断电源的机器里面进行焊接，这些工件、运动的机械等都容易导致压、挤、砸等机械伤害事故。

6. 职业有害因素造成的危害

1）焊接过程中会产生大量的金属粉尘，在无防护的情况下，长期吸入会导致焊工患尘肺。

2）焊接弧光包括紫外线、红外线，在无防护的情况下，可能会损伤视觉器官，导致电光性眼炎、白内障和视网膜灼伤。

3）强的可见光会导致电焊晃眼。若长时间受到强的弧照射，会使眼睛疼痛，视线模糊。

4）高频电磁场、放射性物质、噪声对人体的生理机能都会造成一定的损害。

二、预防触电的安全知识

1. 电流对人体的危害

电流对人体的危害取决于人体通过电流的大小和通电时间的长短。由欧姆定律可知，影响电流的因素之一是电阻。人体的电阻与下述因素有关。

1）人体内的电流通路，如图1-1所示。

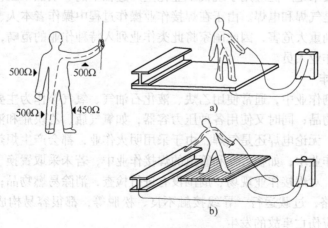

图1-1　人体内的电流通路

a）纵向通过电流时　b）横向通过电流时

2）皮肤状态，如干燥的或潮湿的，未受伤的或受伤的皮肤。

3）电压的大小以及频率。

焊接电路中的电阻值见表1-1。

表1-1 焊接电路中的电阻值

电路中的分电阻	绝缘良好的保护装置/Ω	绝缘不好的保护装置/Ω
焊接电缆的电阻	0.1	0.1
电焊手套的电阻	10000	50
包括表面电阻在内的人体电阻	3000	1000
劳保鞋电阻	10000	50
总电阻	23000.1	1100.1

如果电路电压为42V，通过人体戴电焊手套和穿劳保鞋的脚形成闭合回路，则就有电流流过人体，所流过电流的大小可由电压 U 和电阻 R 之比求出。

使用绝缘良好的保护装置时，通过人体的电流 I 为

$$I = \frac{U}{R} = \frac{42V}{23000\Omega} = 0.0018A = 1.8mA$$

使用绝缘不好的保护装置时，通过人体的电流 I 为

$$I = \frac{U}{R} = \frac{42V}{1100\Omega} = 0.0382A = 38.2mA$$

电流（频率50Hz时）对人体生理作用的影响见表1-2。

表1-2 电流（频率为50Hz时）对人体生理作用的影响

范围	电流	作用
1	0～25mA 约5mA起	强烈地发麻，肌肉抽搐
2	25～80mA 约15mA起	强烈地痉挛；当人体持续地通过电流时，呼吸受到阻碍，直到丧失知觉
3	80mA～5A	心肌不规则颤动
4	＞5A	心脏停止跳动，身体处于高温燃烧

依据电流对人体生理作用的影响和人体的电阻值，由欧姆定律可计算得到安全电压值。我国规定安全电压值为36V，但在潮湿的环境中会降至12V。

2. 造成触电事故的主要原因

触电是电弧焊的主要危险之一，造成触电事故的主要原因如下。

1）在更换焊条、电极和焊接操作中，手或身体某部位接触到焊条、焊钳或焊枪的带电部位，而脚或身体其他部位对地和金属结构无绝缘防护。在金属容器、管道、锅炉、船舱内或金属结构上焊接，身体大量出汗，在阴雨天、潮湿地点焊接，尤其容易发生这种事故。

2）在接线、调节焊接电流和移动焊接设备时，手或身体某部位碰触到接线柱、极板带电体而触电。

3）焊接电源设备的罩壳漏电，人体碰触罩壳而触电。

4）焊接设备接地错误从而引发事故。例如，焊接设备的相线与零线错接，使焊接设备的外壳带电，人体触碰壳体而触电。

5）电弧焊操作过程中，人体触及绝缘破损的电缆、破裂的遥控盒等。

6）利用厂房的金属结构、管道、轨道、天车吊钩或其他金属物体搭接作为焊接回路而发生触电事故。

3. 焊接触电的防护措施

电焊工在操作时应按照以下安全用电规程操作。

1）焊接工作前，应先检查弧焊电源、设备和工具是否安全，如弧焊电源外壳是否接地、各接线点接触得是否良好、焊接电缆的绝缘有无损坏等。

2）改变弧焊电源接头、更换焊件时需要改接二次回路、转移工作地点、更换熔丝等时，必须切断电源后进行。推拉刀开关时，必须戴绝缘手套，同时头部偏斜，防止电弧火花灼伤脸部。

3）焊工工作时，必须穿戴防护工作服、绝缘鞋和绝缘手套。绝缘鞋、绝缘手套必须保持干燥、绝缘可靠。在潮湿环境工作时，焊工应用绝缘橡胶衬垫确保焊工与焊件绝缘。

4）焊钳应有可靠的绝缘；中断工作时，焊钳要放在安全的地方，以防止焊钳与焊件接触发生短路而烧坏弧焊电源。焊接电缆应尽量采用整根，避免中间接头，有接头时应保证连接可靠、接头绝缘可靠。

5）在金属容器内或狭小的工作场地施焊时，必须采取专门的防护措施，以保证焊工身体与带电体绝缘；要有良好的通风和照明，不允许采用无绝缘外壳的自制简易焊钳；焊接工作时，应有人监护，随时注意焊工的安全动态，遇险时应及时抢救。

6）在光线较暗的环境中工作时，必须用手提工作行灯。一般环境下，手提工作行灯电压不超过36V；在潮湿、金属容器等危险环境下工作时，手提工作行灯电压应不超过12V。

7）焊接设备的安装、检查和修理必须由电工完成。设备在使用中发生故障时，应立即切断电源，通知维修部门修理，焊工不得自行修理。

4. 触电抢救措施

（1）切断电源　遇到有人触电时，不得赤手去拉触，应先迅速切断电源。如果远离开关，救护人可用干燥的手套、木棒等绝缘物拉开触电者或者挑开电线，千万不可用潮湿的物体或金属件作为防护工具，以防自己触电。

（2）人工抢救　切断电源后，如果触电者呈昏迷状态，应立即使触电者平卧，进行人工呼吸，并迅速送往医院抢救。

三、预防焊接弧光辐射和电热伤害的安全知识

1. 焊接弧光辐射和电热伤害对人体的危害

电弧火焰甚至熔池都会发出可见和不可见的射线，其辐射的强度取决于输入的功率、电弧尺寸、电弧温度和温度的分布。对人体有害的焊接弧光辐射有红外线、紫外线和强烈的可见光，如图1-2所示。

1）红外线对人眼产生的长时间辐射作用，会损害眼睛中的水晶体，从而产生浑浊或灰色的白内障。

2）可见光线可致炫目并降低视力。焊接电弧可见光的亮度比人所能承受的亮度大一

万倍。被照射后眼睛疼痛，看不清东西，通常叫电焊"打眼"。从远处看电焊弧光时禁止直视，特别是引弧时。不戴防护面罩禁止从近处观看电焊弧光。

3）紫外线主要造成对皮肤和眼睛的伤害。眼睛受到紫外线的照射后能引起电光性眼炎，表现为眼睛疼痛、有砂粒感、流泪、怕风、头疼头晕、发烧等症状；皮肤受到紫外线照射会发红、触痛、变黑、脱皮。紫外线对纤维织物有破坏和褪色作用。

4）常见的产生电弧灼伤的情况有两种：一是焊接时电弧灼伤手或身体；二是在焊机带负荷情况下操作焊机开关，致使电弧灼伤手或脸。

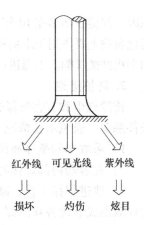

图 1-2 电弧辐射的伤害

5）焊接时也容易发生热体烫伤的现象。热体烫伤主要是熔化的金属飞溅、焊条头或炽热的焊件与身体接触等原因造成的。

2. 防止焊接弧光辐射和电热伤害的措施

1）电焊作业时，焊工应按照劳动部门颁发的有关规定使用劳保用品，穿戴符合要求的工作服、鞋帽、手套、鞋盖等，以防止电弧辐射和熔渣飞溅烫伤。

2）焊工进行焊接作业时，必须使用镶有吸收式滤光镜片的面罩。滤光镜片应根据电流进行选择。使用的手持式或者头盔式保护面罩应轻便、不易燃、不导电、不导热、不漏光。

3）为了保护焊接工地其他工作人员的眼睛，一般在小件焊接的固定场所安装防护屏。在工地焊接时，电焊工在引弧时应提醒周围人注意避开弧光，以免弧光伤眼。

4）夜间工作时，应有良好的照明，不然光线亮度反复变化容易引起焊工眼睛疲劳。

5）当引起电光性眼炎时可到医院就医，也可用奶汁（人乳或牛奶）滴眼，每隔 1～2min 滴一次，4～5 次即可。

3. 高频电磁场的防护

高频电磁场会引起头晕、头痛、疲乏无力、记忆力减退、心悸、胸闷和消瘦等症状。为了减少高频电磁场对焊工的有害影响，使用的焊接电缆应采用屏蔽线。

四、预防烟尘中毒的安全知识

1. 烟尘的来源及其危害

电弧焊时产生的烟和粉尘是焊条和母材金属熔融时所产生的蒸气在空气中迅速冷凝和氧化形成的。烟的颗粒直径往往小于 $\phi0.1\mu m$，$\phi0.1～\phi10\mu m$ 的颗粒称之为粉尘。焊条药皮中各种成分的蒸发和氧化也是焊接烟尘的主要来源，如图 1-3 所示。

金属烟尘是焊接中一种有害的因素，尤其在焊条电弧焊中。烟尘的主要成分是 Fe、Si、Mn 等，其中主要的有毒物质是 Mn。焊接烟尘是造成焊工矽肺的直接

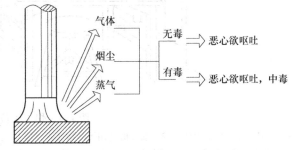

图 1-3 电弧焊所产生的有害物质

原因，焊接矽肺多在 10 年甚至 15～20 年发病，主要症状为气短、咳嗽、胸闷、胸痛。锰及其化合物主要作用于末梢神经系统和中枢神经系统，轻微中毒表现为头晕，失眠，舌、眼睑和手指细微震颤。中毒进一步发展，身体会出现转弯、下蹲困难，甚至走路失去平衡。

2. 防护措施

排除烟尘和有害气体通常采取通风技术措施，必要时可戴静电口罩或氯化布口罩。当条件恶劣、通风不良情况下，必须采用通风头罩、送风口罩等防护设备。

1）采取车间整体通风和焊接工位局部通风的方法排除金属烟尘和有害气体。

2）在容器内部焊接时，要安装抽风机，随时更换内部空气。

3）改进焊接工艺，减少有毒气体的产生；尽量采用埋弧焊代替焊条电弧焊；采用单面焊双面成形代替双面焊，以减少在容器内部施焊的机会，减轻焊接职业危害。

4）加强焊接作业安全卫生管理。

为了防止有害物质对焊工的危害，必须设有足够的自然通风或通风排气装置，通风及排气种类的应用见表 1-3，焊工工位设施如图 1-4 所示。

表 1-3　通风及排气种类的应用

通风及排气的种类	应　　用
自然通风	空间足够大时
可移动的抽气机	工作空间较小时
带有可动抽气支管的抽气设备	用于焊接位置固定、焊接有涂层的构件时
牢固安装的抽气装置，如通风橱或抽气台	焊接洁净的焊件、小工作空间时
压缩空气或新鲜空气面罩	在通风不足时

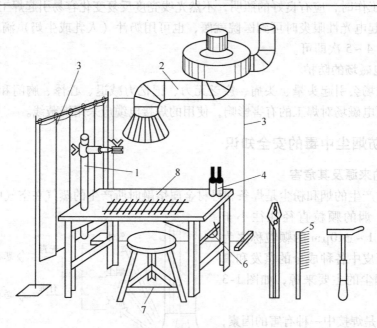

图 1-4　焊工工位设施

1—夹具（用于装夹焊件）　2—抽气机（用于排除气体、烟尘、蒸气）　3—防护墙和防护幕（用于防止辐射，防护墙涂刷不反光的颜色）　4—焊条盒　5—工具（如锻工钳、钢丝刷、侧面切刀、清理用的冲子、敲渣用锤子、喷管）

6—挂焊、割炬和焊接电缆线的钩子　7—凳子　8—焊接工作台（用于放置焊件）

五、预防火灾与爆炸的安全知识

焊接作业的防火防爆措施如下。

1）在焊接现场要有必要的防火设备和器材，如消火栓、砂箱、灭火器（四氯化碳灭火器、二氧化碳灭火器、干粉灭火器）。焊接施工现场发生火灾时，应立即切断电源，然后采取灭火措施。

注意在焊接车间不得使用水和泡沫灭火器进行扑救，以预防触电伤害。

2）禁止在储有易燃、易爆物品的房间或场地进行焊接。在可燃物品附近进行焊接作业时，必须有一定的安全距离，此距离一般应大于10m。

3）严禁焊接有可燃性液体、可燃性气体及具有压力的容器和带电的设备。

4）对于存有残余油脂、可燃性液体、可燃性气体的容器，应先用蒸汽吹洗或用热碱水冲洗，然后开盖检查，确实冲洗干净时方能进行焊接。对密封容器不准进行焊接。

5）在周围空气中含有可燃性气体和可燃粉尘的环境中严禁焊接作业。

任务二　焊工安全操作规程

学习目标

懂得如何正确执行焊工安全操作规程，在焊接作业中能严格按焊工安全操作规程执行。

知识学习

一、焊工安全生产的重要性

焊接过程中发生的爆炸、火灾等事故，不仅危害着焊工及其他有关生产人员的安全和健康，还会使国家财产遭受严重的损失，影响生产的顺利进行。因此，金属焊接（气割）作业属于操作者本人、他人和周围设施的安全有重大危害因素的特种作业，从业人员必须经过专门的安全教育和安全技术培训，并经考核合格取得操作证后，方准独立作业。

因此，每一名焊工都必须懂得本工种的安全操作知识，并在生产全过程中贯彻始终。

二、焊工的个人安全防护

为了防止焊接作业时有害因素对焊工身体健康的不良影响，焊工在操作时必须穿戴好个人劳动防护用品，如图1-5所示。

1. 面罩

面罩的作用是焊接时防止弧光和火花烫伤面部及眼睛，如图1-6所示。焊接操作时，面罩应能遮住焊工的脸面和耳朵，结构应牢靠、无漏光，其上应装有用以遮挡焊接有害光线的护目遮光镜片。

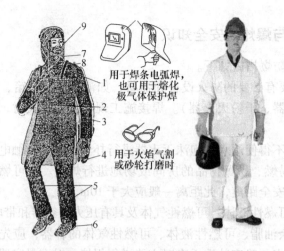

图1-5　焊工个人劳动防护用品

1—焊工工作服　2—围裙　3—皮袖套　4—手套　5—护腿
6—劳保鞋（注意不能使用合成材料）　7—焊工保护盔
8—面罩　9—护目镜

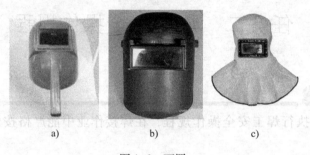

图1-6　面罩
a）手持式　b）头盔式　c）全护连肩式

2. 护目遮光镜片

护目遮光镜片如图1-7所示，它能防止弧光及有害射线损伤焊工的眼睛，并能使焊工清楚地看到作业位置以进行正常操作。护目遮光镜片可按表1-4进行选用。选择护目遮光镜片的色号时，还应考虑焊工的视力，视力好的应选择色号大些和颜色深些的，以保护视力。为使护目遮光镜片不被焊接时的飞溅损坏，可在外边加上无色透明的防护白玻璃。焊工在停止焊接作业后，应戴白光透明眼镜，如图1-8所示，白光透明眼镜有过滤紫外线的作用，并能起到遮挡弧光，防止飞溅、熔渣等异物伤害眼睛的作用。

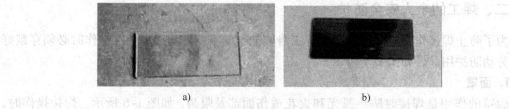

图1-7　护目遮光镜片
a）防护白玻璃　b）护目遮光镜片

图 1-8　白光透明眼镜

表 1-4　护目遮光镜片的选用

焊接方法	焊条尺寸/mm	电弧电流/A	最低遮光号	推荐遮光号[①]
焊条电弧焊	<2.5	<60	7	—
	2.5~4	60~160	8	10
	4~6.4	160~250	10	12
	>6.4	250~550	11	14
气体保护电弧焊	—	<60	7	—
		60~160	10	11
		160~250	10	12
		250~500	10	14
钨极气体保护电弧焊	—	<50	8	10
		50~100	8	12
		150~500	10	14
气焊	板厚/mm	<3	—	4 或 5
		3~13		5 或 6
		>13		6 或 8
气割	板厚/mm	<25		3 或 4
		25~150		4 或 5
		>150		5 或 6

① 根据经验，开始使用太暗的镜片难以看清焊接区，因而建议使用可看清焊接区域的适宜镜片，但遮光号不要低于下限值，在气焊或气割时焊炬产生亮黄光的地方，希望使用滤光镜以吸收操作视野范围内的黄线或紫外线。

3. 工作服

焊工从事焊接作业时，应穿戴特殊的工作服。焊工的工作服一般用白色棉帆布制作，如图 1-9 所示。在全位置焊接时，应配有皮制工作服。在仰焊位焊接时，为防止火花、熔渣从高处溅落到头部和肩上，焊工在颈部应围毛巾，穿着用防燃材料制作的披肩等，如图 1-10 所示。工作服的上衣应遮住腰部，裤子应遮住鞋面。同时，工作服穿戴时不应潮湿、破损和沾有油污。

图 1-9　白帆布工作服

4. 工作鞋

焊工工作鞋应具有绝缘抗热、耐磨和防滑的性能，鞋底不应有铁钉，并应经耐压5000V 的试验合格，如图 1-11 所示。

图 1-10　披肩

图 1-11　工作鞋

5. 其他劳动保护用品

焊工在操作时，根据需要还应准备以下用品。

（1）焊工手套　焊工手套应用耐磨、耐热的皮革制成，长度不应小于 300mm，应缝制结实、保持干燥，如图 1-12、图 1-13 所示。

图 1-12　绝缘皮手套

图 1-13　正在进行焊接操作

（2）耳塞　焊工在噪声强烈的场所作业时，可采用隔声耳塞。

（3）安全带　焊工在登高作业时，应使用结实、牢固的安全带。

（4）焊工工具　工具袋、保温桶等应完好无损，常用的锤子、清渣铲、钢丝刷等工具应连接牢固。

焊接车间也应做好屏蔽、通风及噪声等的有效防护措施，以消除或减少弧光辐射、金属烟尘、噪声等带给焊工的危害。

三、特殊环境下焊接与切割的安全技术

根据工作环境的不同，焊接环境可分为普通环境、危险环境和特殊危险环境三类。

1. 高处作业的安全技术

焊工在距离高度基准面 2m 及以上有可能坠落的高处进行焊接与切割作业的称为高处（或登高）焊接与切割作业。我国将高处作业列为危险作业，并分为四级：一级高度：2～5m，二级高度：5～15m，三级高度：15～30m，四级高度：大于 30m。高处作业人员必须经过安全教育，熟悉现场环境和施工安全要求。患有心脏病、癫痫病、高血压等职业禁忌

病和过度疲劳、视力不佳及酒后人员等，都不允许高处作业。在雨天、雪天、大雾、六级以上大风及冰冻时，禁止室外高处作业。

高处作业存在的主要危险是坠落，而高处焊接与切割作业将高处作业和焊接与切割作业的危险因素叠加起来，增加了危险性。其安全问题主要是防坠落、防触电、防火防爆以及个人防护等。因此，高处焊接与切割作业除应严格遵守一般焊接与切割作业的安全要求外，还必须遵守以下安全措施。

高处作业的安全措施如下。

（1）防触电　在接近高压线或裸导线时，或距离低压线小于2.5m时，必须停电并在电闸上挂上"有人工作，严禁合闸"的警告牌后方准操作。电源开关应设置在监护人近旁，以便有危险时能及时抢救。禁止将电缆缠绕在身上操作。

（2）防止物体打击　高处作业时必须戴好安全帽，焊条、工具等必须装在牢固无孔洞的工具袋内。不允许在空中乱掷物件、焊条头等。

（3）防坠落　进行高处焊接与切割作业者，衣着要灵便，戴好安全帽，穿胶底鞋，禁止穿硬底鞋和带钉易滑的鞋。要使用标准的防火安全带，不能用耐热性差的尼龙安全带，而且安全带应牢固可靠，长度适宜，如图1-14所示。安全网要张挺，不得有缺口。脚手架不得使用不耐腐蚀的木板或铁跳板等。

图1-14　高处作业示意图

2. 燃爆危险性区域作业的安全技术

在燃爆危险性较大的区域内作业时，应按照焊接动火制度办理动火许可证，做好安全防护工作。

3. 局限空间作业的安全技术

局限空间一般是指容积小、通风差的空间或平时无人进入工作的封闭空间。在局限空间作业时，主要危险是触电、缺氧、窒息和着火爆炸。因此在局限空间焊接作业时，必须准备好消防器材；在黑暗处或夜间工作时，应有足够的照明；要将距离工作地点20m范围内的易燃易爆物品移至安全场所；若操作者进入容器作业，应尽可能保持容器内通风。

4. 水下作业的安全技术

水下焊接与切割是水下工程结构的安装、维修施工中不可缺少的重要工艺手段，如图1-15所示。它们常被用于海上救捞、海洋能源、海洋采矿等海洋工程和大型水下设施的施工过程中。

水下焊接与切割作业的特点是：电弧或气体火焰在水下使用，与在大气中焊接或一般的潜水作业相比，具有更大的危险性。水下焊接与切割作业的常见事故有：触电、爆炸、烧伤、烫伤、溺水、砸伤、潜水病或窒息伤亡。

图1-15　水下焊接

水下焊接与切割的安全措施如下。

（1）焊前安全措施

1）调查作业区气象、水深、水温、流速等环境情况。当水面风力小于 6 级、作业点水流流速小于 0.1~0.3m/s 时，方可进行作业。

2）下潜前，在水上应对焊接、切割设备及工具，潜水装具，供气管和电缆，通信联络工具等的绝缘、防水、工艺性能进行检查试验。氧气胶管要用 1.5 倍工作压力的蒸汽或热水清洗，胶管内外不得黏附油脂。气管与电缆应每隔 0.5m 捆扎牢固，以免相互绞缠。

3）操作前，操作人员应对作业地点进行安全处理，移去周围的障碍物。水下焊割时不得悬浮在水中作业，应事先安装操作平台，或在物件上选择安全的操作位置，以避免使自身、潜水装具、供气管和电缆等处于熔渣喷溅或流动范围内。潜水焊割人员与水面支持人员之间要有通信装置，当一切准备工作就绪、取得水面支持人员同意后，焊割人员方可开始作业。

4）水下焊接与切割工作必须由经过专门培训并持有此类工作许可证的人员进行。

（2）防火防爆安全措施

1）对储油罐、油管、气罐和密闭容器等进行水下焊割时，必须遵守燃料容器焊补的安全技术要求。其他物件在焊割前也要彻底检查，并清除内部的可燃易爆物质。

2）要慎重考虑切割位置和方向，最好先从距离水面最近的部位着手向下切割。这是由于水下切割是利用氧气与氢气或石油气的燃烧火焰进行的，在水下很难调整好它们之间的比例。如果有未完全燃烧的剩余气体逸出水面，遇到阻碍就会在金属构件内积聚形成可燃气穴。凡在水下进行立割时，均应从上向下移，以避免火焰经过未燃气体聚集处引起燃爆。

3）严禁利用油管、船体、缆索和海水作为电焊机回路的导电体。

4）在水下操作时，如焊工不慎跌倒或气瓶用完更换新瓶时，割炬常因供气压力低于所处的水压力而失去平衡，这时极易发生回火。因此，除了在供气总管处安装回火保险器外，还应在割炬柄与供气管之间安装防爆阀。防爆阀由止回阀与火焰消除器组成：前者可以阻止可燃气体的回流，以免在气管内形成爆炸性混合气；后者能防止火焰流过止回阀时引燃气管中的可燃气。

5）为防止高温熔滴落进潜水服的折叠处或供气管，烧坏潜水服或供气管，应尽量避免仰焊和仰割。

6）不要将气割用软管夹在腋下或两腿之间，以防止万一因回火爆炸、损坏潜水服。割炬不要放在泥土上，以防止堵塞，每日工作完用清水冲洗割炬并晾干。

（3）防触电安全措施

1）焊接电源须用直流电，禁用交流电。因为在相同电压下通过潜水员身体的交流电电流大于直流电电流。并且与直流电相比，交流电稳弧性差，易造成较大飞溅，从而增加烧损潜水装具的危险。

2）所有设备、工具要有良好的绝缘和防水性能，绝缘电阻不得小于 1MΩ。为了防止设备、工具遭到海水、大气盐雾的腐蚀，其需包敷具有可靠防水性能的绝缘护套，且应有良好的接地。

3）焊工要穿不透水的潜水服，戴干燥的橡皮手套，用橡皮包裹潜水头盔下颌部的金属纽扣。潜水头盔上的滤光镜铰接在头盔外面，可以开合，滤光镜涂色深度应较陆地上浅。水下装具的所有部件均应采取防水绝缘保护措施，以防被电解腐蚀或出现电火花。

4）更换焊条时，必须先发出拉闸信号，断电后才能去掉残余的焊条头，换新焊条，或安装自动开关箱。焊条应彻底绝缘和防水，只在形成电弧的端部保证电接触。

想一想

1）如何做好焊工的个人安全防护？
2）简述焊工安全生产的重要性。

模块二 焊接常用工具和量具的使用

任务一 焊接常用工具的使用

学习目标

通过对本任务的学习，学生应掌握焊工经常使用的工具的用法及注意事项。这些工具包括敲渣锤、锤子、扁铲、角向砂轮机、扁锉、钢丝刷、活扳手、钢丝钳、通针及工装夹具等。通过实际演示训练，学生应掌握工具相关的使用方法和注意问题，教师可以对知识进行简单的讲解，重点在于指导学生的操作训练。

教学可以按照"知识讲解→教师演示→学生实操训练→教师巡回指导和评价"四个环节进行。

知识学习

1. 敲渣锤

敲渣锤是焊接结束后用来敲打焊缝上焊渣的一种工具，如图 2-1 所示。敲打焊渣时，要注意加以防护，小心飞出的焊渣伤人，不要对着自己或者别人敲打焊渣。

2. 锤子、扁铲

锤子和扁铲是用来清除焊件表面敲渣锤难以除掉的金属飞溅和焊瘤，如图 2-2 和图 2-3 所示。锤子使用前要检查锤头是否松动，以避免在打击中锤头甩出伤人。

图 2-1 敲渣锤

扁铲使用前应检查其边缘有无毛刺、裂痕，若有应及时清除，以防止使用中碎块飞出伤人。

图 2-2 锤子

图 2-3 扁铲

3. 角向砂轮机和电动磨头

角向砂轮机是一种小型砂轮机，焊接前用来打磨坡口进行除锈、除油污，焊接后用于焊缝的清理。根据砂轮的直径划分型号，角向砂轮机有 $\phi100mm$、$\phi125mm$、$\phi150mm$ 和 $\phi180mm$ 四种，如图 2-4 所示。

电动磨头也可以用来打磨坡口和焊缝，由于磨头硬度很高，各种形状都有，适用于修补焊缝缺陷，如图 2-5 所示。

图 2-4　角向砂轮机　　　　　　　　　　图 2-5　电动磨头

4. 扁锉

扁锉是用来修整焊件坡口钝边、毛刺和焊件根部接头的工具，如图 2-6 所示。

图 2-6　扁锉

5. 钢丝刷

钢丝刷用于清除焊件表面的铁锈、污物以及焊后清理焊缝熔渣，如图 2-7 所示。

6. 活扳手

活扳手用来启闭瓶阀，以及调整工位架，如图 2-8 所示。

图 2-7　钢丝刷　　　　　　　　　　　图 2-8　活扳手

7. 钢丝钳

钢丝钳用来连接和启闭气体通路以及剪切焊丝等，如图 2-9 所示。

8. 通针

通针用于清理发生堵塞的火焰孔道，如图 2-10 所示。气焊或气割时，焊炬和割炬的火焰通道常常会发生堵塞现象，需要用金属通针来疏通。通针用普通钢丝或不锈钢丝磨制而成。根据焊炬和割炬火焰通道孔径的大小可选择不同直径的通针。使用通针时，通针和火焰孔道必须保持在同一水平线上，以防止孔径磨损不均，致使火焰偏斜。

9. 工装夹具

工装夹具是焊接过程中用来固定焊件，以便于焊接操作者进行焊接操作，如图 2-11 所示。

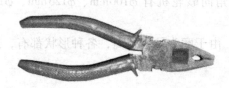

图 2-9　钢丝钳

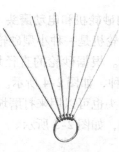

图 2-10　通针

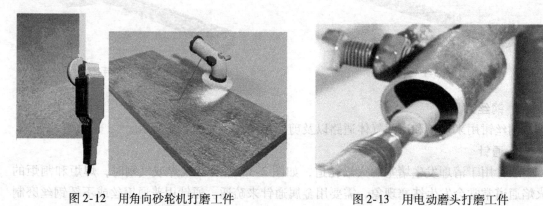

图 2-11　工装夹具

技能训练

一、角向砂轮机的使用

用角向砂轮机清除焊件坡口及两侧各 15～20mm 范围内的锈蚀、水、油污等，如图 2-12 和图 2-13 所示。

图 2-12　用角向砂轮机打磨工件　　　　图 2-13　用电动磨头打磨工件

使用步骤如下。

1）保证电源开关处在"断开"位置。

2）使用前要先检查砂轮安装得是否牢固，砂轮有无裂纹，表面不得有缺陷。

3）开机后查看砂轮的转动是否正常，有无漏电现象，检查无误后再进行打磨。

4）在正常情况下，砂轮本身的重量已足够使加工表面磨出较好的表面粗糙度。如果所加的压力过大，则使砂轮的转速下降，致使加工表面粗糙度变差，甚至使电动机过载。

5）不要用砂轮的全部表面来打磨工件，应使砂轮的外缘与工件构成一个最佳的角度，通常为 $1° \sim 30°$。

6）勿使新砂轮和工件之间夹角过大，直到砂轮的前周缘已磨到一定程度时，才允许作来回方向打磨。

7）开关断开砂轮未停止转动前，勿使砂轮接触工件，以防止意外事故的发生，并减少尘土入内。

8）角向砂轮机不用时，应拔下电源插头。

二、工装夹具的使用

焊接工装夹具主要用于板固定和管固定（图 2-14 ~ 图 2-18）。各种夹具，特别是带有螺钉的夹具，使用前要检查其上的螺钉是否转动灵活。若已锈蚀则应除锈，并加以润滑，否则使用中会失去作用。

图 2-14　平板对接平焊支架

图 2-15　平板对接立焊

图 2-16　平板对接横焊

图 2-17　管与管垂直固定

图 2-18　管与管水平固定

想一想

角向砂轮机如何使用？

任务二　焊接常用量具的使用

学习目标

　　通过对本任务的学习，学生应掌握焊工经常使用的量具的用法及注意事项。焊接常用量具包括金属直尺、直角尺、焊缝检测尺、塞尺、通球、放大镜等。通过实际演示训练，学生可掌握量具相关的使用方法和注意问题，教师可以对知识进行简单的讲解，重点在于指导学生的操作训练。

知识学习

1. 金属直尺

　　金属直尺是最简单的长度量具，在作对口焊接或划线下料时经常使用，如图 2-19 所示。测量工件或划线下料时，要将金属直尺放平且紧贴工件，不得悬空或远离工件读数。图 2-20 所示为用金属直尺划线下料。要正确使用金属直尺，不得随意移作他用，如铲锈迹、除污垢或拧螺钉等。使用完毕要及时将尺面擦拭干净，以免锈蚀。长期不用时，应在尺面涂上一层钙基润滑脂，再用蜡纸封好。

图 2-19　金属直尺

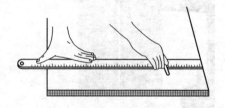
图 2-20　用金属直尺划线下料

2. 直角尺（90°角尺）

　　焊接时，应用直角尺划线、测量垂直度，如图 2-21 所示。

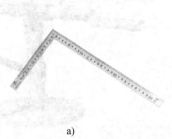
a)

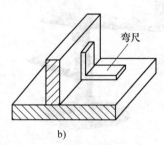
b)

图 2-21　直角尺

a）直角尺　b）用直角尺检测 T 形接头的垂直度

3. 焊缝检测尺

　　焊缝检测尺主要由主尺、高度尺、咬边深度尺和多用尺四个部分组成，是一种焊接检验尺，用来检测焊件的各种坡口角度、高度、宽度、间隙和咬边深度，如图 2-22 所示。

4. 塞尺

塞尺是用于检验间隙的测量器具之一，如图 2-23 所示。塞尺使用前必须先清除其和工件上的污垢与灰尘。使用时可将一片或数片重叠插入间隙，以稍感拖滞为宜。测量时动作要轻，不允许硬插，也不允许测量温度较高的零件。

图 2-22　焊缝检测尺

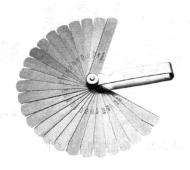

图 2-23　塞尺

5. 通球

通球就是管子在经过弯曲或对接焊接后，用以测定弯曲处或焊接处管子的内径是否符合规定要求的工具，如图 2-24 所示。检验时用压缩空气把一定直径的小球吹入管中，如能通过，则表明弯曲或焊接处管子的内径符合要求。

6. 放大镜

一般焊接用低倍放大镜焊后用来观察检验焊缝外观尺寸及缺陷，如图 2-25 所示。

图 2-24　通球

图 2-25　放大镜

技能训练

焊缝检测尺是一种常用的焊缝外观尺寸检测工具，通常用来测量焊件焊前的坡口角度、间隙、错边以及焊后对接焊缝的余高、宽度和角焊缝的高度、厚度等，如图 2-26 所示。

1. 焊缝余高的检测

检查咬边深度尺的零刻度线是否与主尺的零刻度线对齐，主尺的底面与咬边深度尺跨在焊缝两侧并接触焊件表面，移动高度尺使其接触到焊缝的表面后停止。此时高度尺上的数值即为焊缝的余高，如图 2-27 所示。

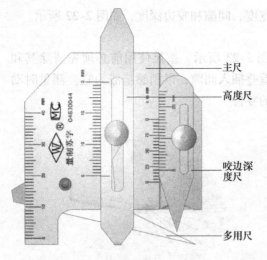

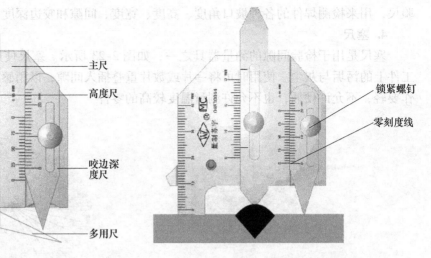

图 2-26 焊缝检测尺示意图　　　　　　　　　图 2-27 焊缝余高的检测

2. 焊缝宽度的检测

主尺棱边与多用尺卡在焊缝两侧，即可检测出焊缝宽度，如图 2-28 所示。

3. 角焊缝厚度的检测

将主尺的两个斜边完全靠在角焊缝的两个内表面上，向下移动高度尺，接触焊件后停止。此时高度尺所对应的主尺数值即为角焊缝厚度的实际尺寸，如图 2-29 所示。

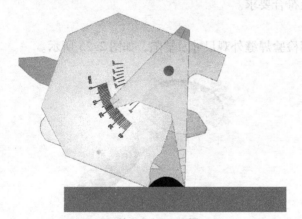

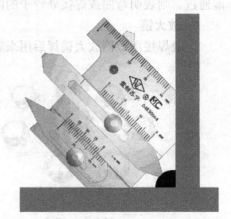

图 2-28 焊缝宽度的检测　　　　　　　　　　图 2-29 角焊缝厚度的检测

4. 咬边深度的检测

检查焊缝检测尺，使其高度尺的零刻度线对齐，让咬边深度尺对准咬边处的最深处，向下移动咬边深度尺接触焊件后停止。此时咬边深度尺所对应的主尺尺寸即为咬边深度，如图 2-30 所示。

5. 焊件错边量的检测

检查焊缝检测尺，使其高度尺的零刻度线与主尺的零刻度线对齐，使主尺与高度尺在一块焊件上，咬边深度尺在另一块焊件上，向下移动咬边深度尺，接触焊件后停止。此时咬边深度尺所对应的主尺尺寸即为焊件的错边量，如图 2-31 所示。

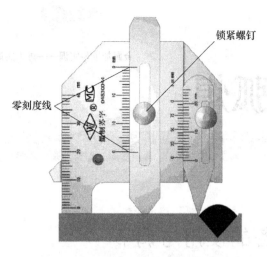

图 2-30　咬边深度的检测

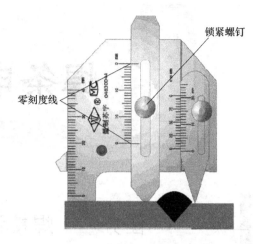

图 2-31　焊件错边量的检测

6. 焊脚尺寸的检测

检查主尺是否紧靠焊件的主板，主尺底面是否碰到焊脚的表面，使高度尺向下运动，碰到焊件表面后停止。此时高度尺所对应的主尺数值即为焊脚实际尺寸，如图 2-32 所示。

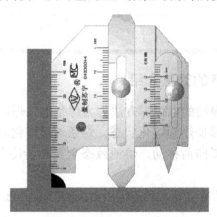

图 2-32　焊脚尺寸的检测

想一想

焊缝检测尺由哪几部分组成？

模块三 焊条电弧焊

任务一 焊接设备的使用与调节

学习目标

本任务介绍焊条电弧焊设备的接线、使用方法等方面的知识，学会对焊接参数进行调节。

知识学习

一、焊条电弧焊设备的简单介绍

用手工操作焊条进行焊接的电弧焊方法称为焊条电弧焊。它利用焊条和焊件之间产生的电弧将焊条和焊件局部加热到熔化状态，焊条端部熔化后的熔滴和熔化的母材融合在一起形成熔池。随着电弧向前移动，熔池液态金属逐步冷却结晶形成焊缝，如图 3-1 所示。

焊条电弧焊时，电焊机是电源，它的输出电流供电弧燃烧。

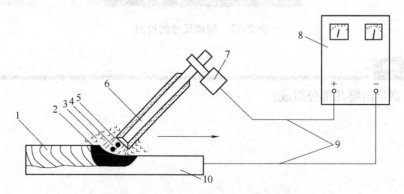

图 3-1　焊条电弧焊焊缝形成示意图

1—焊缝　2—熔池　3—保护性气体　4—电弧　5—熔滴　6—焊条　7—焊钳
8—焊接电源　9—焊接电缆　10—焊件

1. 电焊机型号编制方法

电焊机型号编制执行 GB/T 10249—2010《电焊机型号编制方法》。本标准规定了电焊机及其控制器等型号的编制原则,部分产品的符号代码见表 3-1。

表 3-1 部分产品的符号代码

产品名称	第一字母		第二字母		第三字母		第四字母	
	代表字母	大类名称	代表字母	小类名称	代表字母	附注特征	数字序号	系列序号
电弧焊机	B	交流弧焊机(弧焊变压器)	X	下降特性	L	高空载电压	省略	磁放大器或饱和电抗器式
							1	动铁芯式
							2	串联电抗器式
			P	平特性			3	动圈式
							4	
							5	晶闸管式
							6	变换抽头式
	A	机械驱动的弧焊机(弧焊发电机)	X	下降特性	省略	电动机驱动	省略	直流
					D	单纯弧焊发电机	1	交流发电机整流
			P	平特性	Q	汽油机驱动	2	交流
					C	柴油机驱动		
			D	多特性	T	拖拉机驱动		
					H	汽车驱动		
	Z	直流弧焊机(弧焊整流器)	X	下降特性	省略	一般电源	省略	磁放大器或饱和电抗器式
							1	动铁芯式
					M	脉冲电源	2	
							3	动线圈式
			P	平特性	L	高空载电压	4	晶体管式
							5	晶闸管式
							6	变换抽头式
			D	多特性	E	交直流两用电源	7	逆变式

电焊机型号说明如下。

(1)字母分别表示电源的类别及外特性 BX 中的 B 表示交流,ZX 中的 Z 表示直流,AX 中的 A 表示弧焊发电机,X 表示下降特性(P 表示平特性)。

(2)型号后面的数字 如 BX1—400 中的 400 表示焊接电源额定电流为 400A,如 ZX7—125,ZX7—400,BX1—500 等。

2. 对弧焊电源的要求

1)较大的短路电流和较高的空载电压。目前,我国生产的直流弧焊机的空载电压大多为 40~90V,交流弧焊机的空载电压多为 60~85V。空载电压值在焊机面板上可以直接读出。如图 3-2 所示，打开电源开关后，电压（电流）表显示的是空载电压 77V。

图 3-2　ZX7—400 弧焊机显示空载电压

2）输出电流稳定。

3）有较高的电压跟随能力，以保证电弧长度改变时，电弧不熄灭。

4）输出电流可调节。

5）具备完善的自我保护系统，是保证弧焊机安全和人身安全的重要保障。

小知识

为什么说焊条电弧焊电源是一种特殊电源？

焊条电弧焊电源不同于一般电源，它具有较低的空载电压（45~90V），并且从空载到负载（电弧燃烧），电压迅速下降，工作电压仅为 15~30V。由于电焊机使用过程中，会频繁地出现短路现象（如引弧、熔滴过渡），为使电焊机在短路时不致被烧坏，要求其短路电流不能过大。所以说焊条电弧焊电源是一种特殊的电源，它不能被其他电源所取代。

二、焊接设备二次线的连接

以 ZX7—400 型直流电焊机为例，如图 3-3 所示，电源的两个输出端分别用"＋"和"－"表示，其中"＋"端为电源正极，"－"端为电源负极。两输出端分别与焊钳及焊件相接。

1. 弧焊发电机的极性及接法

弧焊电源可分为交流电源和直流电源。

直流电源分为直流正接和直流反接。直流正接指工件接电源正极，焊钳接电源负极，如图 3-4a 所示；直流反接指工件接电源负极，焊钳接电源正极，如图 3-4b 所示。

图 3-3　ZX7—400 型直流电焊机

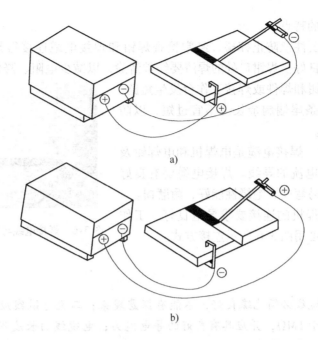

图 3-4 弧焊发电机的直流正接和直流反接

a）直流正接 b）直流反接

 **小知识**

当电焊机上的极性模糊不清时，怎么办？

可用下列方法进行鉴别。

（1）直流电压表鉴别法 将弧焊电源输出端两极接于量程大于100V的直流电压表的正、负两接线柱上。若表针沿顺时针方向转动，则说明焊机与电压表正极相接的一极是正极，另一端则是负极。

（2）炭棒鉴别法 将炭棒与焊件分别接于弧焊电源的两输出端，并引弧。如果电弧燃烧稳定，并且将电弧拉得很长（40~50mm）也不熄灭，熄弧后炭棒端面光滑，则说明是正接，即炭棒接的一端为负极。若电弧引燃后不稳定，稍一拉长就熄灭，炭棒易发红，熄弧后炭棒端面不整齐，即说明是反接，即炭棒接的一端为正极。

碱性焊条需要用直流反接法，酸性焊条用直流正接和直流反接均可。

2. 焊机的辅助工具

弧焊电源的辅助工具有电焊钳（图3-5）和焊接电缆。

（1）电焊钳 电焊钳的作用是焊条电弧焊时用于夹持焊条并把焊接电流传输至焊条。电焊钳应具有良好的导电性、不易发热、重量轻、夹持焊条时牢

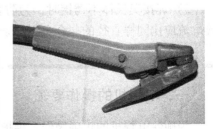

图 3-5 电焊钳

固、更换焊条方便的特点。

电焊钳使用中要注意防止摔碰，经常检查焊钳和焊接电缆连接得是否牢固，手柄绝缘、隔热能力是否良好。焊钳口处的焊渣要经常清除，以减少电阻、降低发热量、延长使用寿命，防止电焊钳和焊件或焊接工作台发生短路。焊接工作中注意焊条尾端剩余长度不宜过短，以防止电弧烧坏电焊钳。

（2）焊接电缆　焊接电缆是电焊机和电焊钳及焊条之间传输焊接电流的导线。焊接电缆要有良好的导电性、柔软且易弯曲、绝缘性能好、耐磨损。

焊接电缆与电焊机的连接要求导电良好、工作可靠、装拆方便，可用图 3-6 所示连接方式。

图 3-6　焊接电缆与电焊机的连接方式

 注意：

电焊机二次电缆线必须绝缘良好，不能有裸露现象；二次电缆线应按国家标准选用，其绝缘电阻不得小于 1MΩ，并应具有良好的导电能力；电缆线的长度不得超过 20～30m；二次电缆线的接头处应绝缘良好。

三、焊接参数的调节

焊接电流是焊条电弧焊时的主要工艺参数。下面以 ZX7—400 直流焊机为例，简单说明电流的调节方法，如图 3-7 所示。

旋转面板上左端的第一个旋钮可以用于调节焊接电流的大小，电流值显示在表上，画面中的焊接电流为 120A。第二个旋钮可以用于调节推力电流，增大推力电流，可以加大焊缝的熔深，一般将推力电流调节到 4～6A。第三个旋钮为调节引弧电流的旋钮，电流值大小为 4～6A，以保证引弧顺利进行。

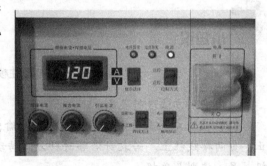

图 3-7　ZX7—400 焊机控制面板

焊接电流的大小应根据焊条直径、板厚、空间位置、焊件材质等合理选择。

1）工件越厚，焊接热量散失得越快，应选用电流值的上限。

2）立焊时应选用较小的电流，通常应比平焊时小 10% 左右。

3）焊接奥氏体不锈钢时，为防止焊条药皮发红开裂，减小影响晶间腐蚀的程度，焊接电流应比同样直径的非合金钢焊条低 20% 左右。

技能训练

一、电焊机的操作要领

为确保电焊机的正确操作、维护保养，从而实现安全生产，提高效益，从四个方面对电焊机提出要求。

1. 开机前检查

1）确认电源线是否完好。

2）确认焊机地线与焊钳的连线是否完好，焊钳与地线是否搭铁。

2. 安全操作

1）打开主电源，将焊接电流、电压调至所需工作挡位。先试焊一下，观察焊接参数是否恰当，然后再调整。

2）焊接作业时操作人员应集中精力，佩戴好防护用具，保证自身安全；高空作业时，首先确认脚下是否稳当，应尽量带安全带。

3）焊接作业时应确认工作区域内是否有易燃易爆物品，如有应远离或将其搬开，并且提醒周边的人员注意。

4）严禁焊接时调整焊接电流，以免造成设备损坏。

3. 操作要求

1）焊接作业前应认真阅读图样及技术资料，复杂焊件需先弄清焊接次序及装配次序后才能开始焊接。

2）焊前应先定位焊，保证形状后才能进行焊接。如易变形或有尺寸位置要求的，须合理使用工装夹具。

3）爱惜设备及工具，设备出现异常现象时应及时反馈，严禁继续开机和私自拆修设备。

4. 设备保养

1）每日清洁设备，清除焊渣，清理工作现场及周边环境。

2）每月需检查各种电线是否完好，否则更换。

二、注意事项

1）焊钳与焊件接触时，禁止起动焊机。

2）禁止在焊机上放置任何物体和工具。

3）焊机二次回路禁止连接建筑、金属构架和设备等作为焊接电源回路。

4）焊机的外壳和焊件不能同时接地。

5）焊接工作完毕或临时离开工作场地时，禁止将焊钳放在焊件上，需及时切断电源、盘好电缆线、清扫现场确认无隐患后，方可离开。

6）焊接重要的结构时，应在焊机上装设电流表和电压表，以便精确地确定焊接参数，保证焊缝质量。

想一想

1）什么是直流正接？什么是直流反接？

2）焊钳在使用时应注意哪些问题？

3）试述电焊机的安全操作要领。

任务二 平 敷 焊

训练试件图

平敷焊训练试件图如图3-8所示。

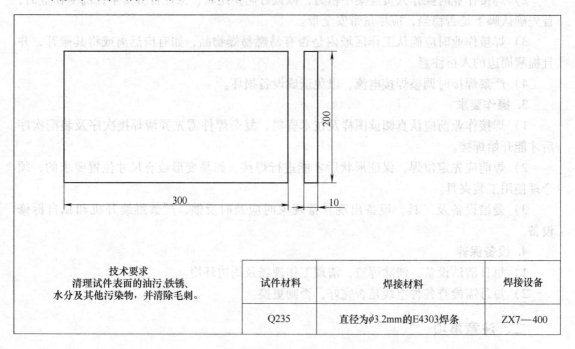

技术要求
清理试件表面的油污、铁锈、水分及其他污染物，并清除毛刺。

试件材料	焊接材料	焊接设备
Q235	直径为ϕ3.2mm的E4303焊条	ZX7—400

图3-8 平敷焊训练试件图

学习目标

本任务主要要求在学习过程中学会焊条电弧焊过程中的引弧、起头、运条、接头、收尾等基本操作技术，并且能正确进行平敷焊操作，使得焊缝的高度和宽度符合要求，焊缝表面均匀、无缺陷。

教学可以按照"知识讲解→教师演示→学生实操训练→教师巡回指导和评价"四个环节进行。

知识学习

平敷焊是在平焊位置上堆敷焊道的一种焊接操作方法。通过平敷焊练习，学生要熟练掌握焊条电弧焊操作的各种基本动作和焊接参数的选择方法，熟悉电焊机和常用工具的使用方法，以为以后各种操作技能的学习打下坚实的基础。

在引弧过程中，如果焊条与焊件粘在一起且通过晃动不能取下焊条，应立即使焊钳脱离焊条。待焊条冷却后，就很容易从焊件上扳下来。

技能训练

一、引弧

引弧是指在电弧焊开始时，引燃焊接电弧的过程。引弧的好坏对接头质量以及生产质量都有重要的影响。根据操作手法，在焊条电弧焊中引弧的方法可分为以下两类。

1. 直击法

两腿自然分开蹲立，使焊条与焊件表面垂直接触。当焊条的端部与焊件表面接触即形成短路时，迅速将焊条提起并使之与焊件保持一定距离（2～4mm），立即引燃电弧，如图3-9所示。此种方法的优点在于可用于难焊位置的焊接、焊件污染少；其缺点是受焊条端部状况限制：用力过猛时，药皮会大量脱落，产生暂时性磁偏吹，操作不熟练时易使焊条粘于焊件表面，操作时必须掌握好手腕上下动作的时间和距离。

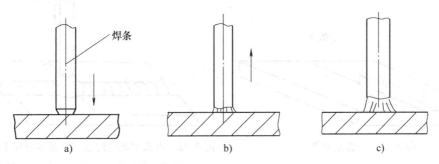

图3-9　直击法引弧

a）直击短路　b）拉开焊条引燃电弧　c）电弧正常燃烧

2. 划擦法

动作似擦火柴，将焊条在焊件表面划擦一下，当电弧引燃后趁金属还没有开始大量熔化的一瞬间，立即使焊条末端与被焊表面的距离维持在2～4mm，电弧就能稳定燃烧，如图3-10所示。

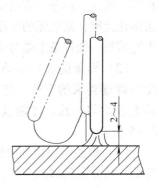

图3-10　划擦法引弧

这两种方法相比较而言，划擦法比较容易掌握。由于手腕动作不熟练，或者没有掌握好焊条离开焊件时的速度和距离，使得初学时掌握直击法较难。如果动作较快，焊条提起太高，就不能将电弧持续引燃；如果动作太慢，焊条提起太低，就可能使焊条和焊件粘住，造成焊接回路的短路现象。

在引弧时，如果焊条和焊件粘在一起，只要将焊条左右摇动几下，就可使其脱离焊件。如果这时还不能脱离焊件，就应立即将焊钳放松，使焊接回路断开，待焊条稍冷却后再拆下。如果焊条粘住焊件的时间过长，则会因短路电流过大烧坏电焊机。所以引弧时，手腕动作必须灵活和准确，而且要选择好引弧起始点的位置。

在使用碱性焊条时引弧一般采用划擦法，这是由于直击法引弧易产生气孔。焊接时，引弧点应选在距离焊缝起始点 8 ~ 10mm 的焊缝上，待电弧引燃后，再引向焊缝起始点进行施焊，如图 3-11 所示。这样可以避免在焊缝起始点产生气孔，并可因再次熔化引弧点而将已产生的气孔消除。

二、运条

1. 运条的基本动作

运条是在焊接过程中，焊条相对焊缝所作的各种动作的总称。

当电弧引燃后焊条要有三个基本方向上的动作，才能使焊缝成形良好。这三个基本方向上的动作是：朝着熔池方向逐渐送进，沿焊接方向逐渐移动，横向摆动，如图 3-12 所示。正确运条是保证焊缝质量的基本因素之一，因此每个焊工都必须掌握好运条这项基本功。

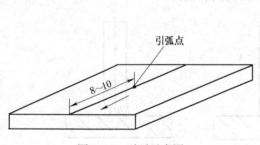

图 3-11 引弧示意图

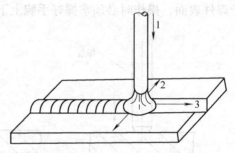

图 3-12 电弧引燃后焊条三个基本方向上的动作
1—朝着熔池方向逐渐送进 2—横向摆动
3—沿焊接方向逐渐移动

（1）焊条沿轴线向熔池方向送进 朝着熔池方向逐渐送进主要用来维持所要求的电弧长度。因此，焊条送进的速度应该与焊条熔化的速度相适应。如果焊条送进的速度小于焊条熔化速度，则电弧的长度将逐渐增加，导致断弧；如果焊条送进速度太快，则电弧长度迅速缩短，使焊条末端与焊件接触而发生短路，同样会使电弧熄灭。

（2）焊条的横向摆动 焊条的横向摆动主要为了获得一定宽度的焊缝。其摆动幅度与焊缝要求的宽度、焊条的直径有关，应根据焊缝宽度与焊条直径来决定。横向摆动力求均匀一致，才能获得宽度整齐的焊缝。正常的焊缝宽度不应超过焊条直径的 2 ~ 5 倍。

（3）焊条沿焊接方向的移动 此动作使焊条熔敷金属与熔化的母材金属形成焊缝。焊条沿焊接方向的移动速度，对焊缝的质量也有很大的影响。移动速度太快，则电弧来不及熔化足够的焊条和母材，造成焊缝断面太小及未熔合等缺陷；如果速度太慢，则熔化金属堆积过多，加大了焊缝的断面，降低了焊缝的强度，在焊接较薄焊件时容易焊穿。移动速度必须适当才能使焊缝均匀。

2. 运条方法

运条方法很多，选用时应根据接头的形式、装配间隙、焊缝的空间位置、焊条直径与性能、焊接电流及焊工技术水平等方面而定。常用的运条方法及适用范围参见表 3-2。

表 3-2 常用的运条方法及适用范围

运条方法		运条示意图	使用范围
直线形运条法			① 3～5mm 厚焊件 I 形坡口对接平焊 ② 多层焊的第一层焊道 ③ 多层多道焊
直线往返形运条法			① 薄板焊 ② 对接平焊（间隙较大）
锯齿形运条法			① 对接接头（平焊、立焊、仰焊） ② 角接接头（立焊）
月牙形运条法			同锯齿形运条法
三角形运条法	斜三角形		① 角接接头（仰焊） ② 对接接头（开 V 形坡口横焊）
	正三角形		① 角接接头（立焊） ② 对接接头
圆圈形运条法	斜圆圈形		① 角接接头（平焊、仰焊） ② 对接接头（横焊）
	正圆圈形		对接接头（厚焊件平焊）
八字形运条法			对接接头（厚焊件平焊）

三、平敷焊操作

按表 3-3 所示平敷焊焊接参数调整好电焊机。引弧前将焊件放稳定，然后在焊板上引弧进行平敷焊。

表 3-3 平敷焊焊接参数

名　　称	焊条直径/mm	焊接电流/A
平敷焊	φ3.2	110～120

焊接操作时，焊工左手持焊工面罩，以保护脸部；右手持焊钳进行焊接，如图 3-13 所示。

焊条工作角（焊条轴线在和焊条前进方向垂直的平面内的投影与工件表面间的夹角）为 90°，焊条正倾角为 10°~20°（正倾角表示焊条向前进方向倾斜，负倾角表示焊条向前进方向的反方向倾斜），如图 3-14 所示。

图 3-13　焊工操作示意图

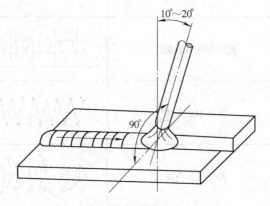

图 3-14　平敷焊焊条工作角

在直线移动平敷焊过程中，一是平敷焊时，要视熔孔直径的变化调整焊条移动速度，注意使熔孔直径保持不变，以保证焊缝成形均匀；二要严格控制焊条的操作角度和电弧长度，使其保持不变。

1. 焊道的起头

起头时焊件温度较低，所以起头处熔深较浅。可在引弧后先将电弧稍微拉长，对起头处进行预热，然后适当缩短电弧进行正式焊接。

2. 运条

练习平敷焊时，焊条可不进行横向摆动。电弧长度通常为 3~4mm，碱性焊条较酸性焊条弧长要短些。

3. 焊道的连接

焊道的连接一般有以下四种方式，如图 3-15 所示，分别为中间接头（尾头相接）、相背接头（头头相接）、相向接头（尾尾相接）、分段退焊接头（头尾相接）。

1）中间接头中后焊焊缝从先焊焊缝尾部开始焊接，这种接头形式应用最多。接头时在先焊焊道尾部前方约 1mm 处引弧，弧长比正常焊接时稍长些（碱性焊条可不拉长，否则易产生气孔）。待金属开始熔化时，将焊条移至弧坑前 2/3 处，填满弧坑后即可向前正常焊接，如图 3-16 所示。

2）相背接头中两焊缝的起头相接，要求先焊焊缝的起头处略低些，后焊焊缝必须在先焊焊缝始端稍前处起弧，然后稍拉长电弧将电弧逐渐引向先焊焊缝的始端，并覆盖先焊焊缝的端头。待起头处焊平后，再向焊接方向移动，如图 3-17 所示。

3）相向接头是两条焊缝的收尾相接。当后焊焊缝焊到先焊焊缝收尾处时，焊接速度应稍慢些，填满先焊焊缝的弧坑后，再以较快的速度略向前焊一段，然后熄弧，如图 3-18 所示。

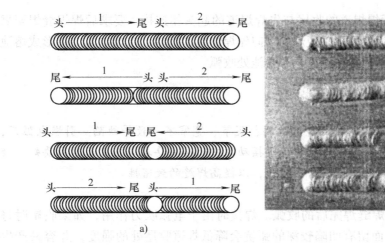

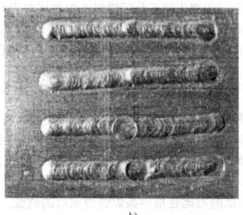

a) b)

图 3-15 焊道连接方式

a）示意图 b）实物图

1—先焊焊道 2—后焊焊道

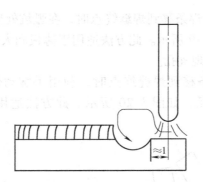

图 3-16 从先焊焊道未焊处接头的方法

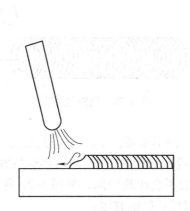

图 3-17 从先焊焊缝始端接头的方法

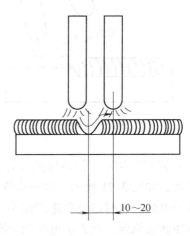

图 3-18 焊道接头的熄弧

4）分段退焊接头是后焊焊道的收尾与先焊焊道的起头相连接。要求后焊焊缝焊至靠近先焊焊缝始端时，改变焊条角度，使焊条指向先焊焊缝的始端，拉长电弧。待形成熔池后，再压低电弧，往回移动，最后返回原来熔池处收弧。

 注意：

焊缝的接头应力求均匀，以防止产生过高、脱节、宽窄不一致等缺陷。引燃电弧后，将焊条电弧移至熔池后端，沿熔池形状作横向摆动。中间接头要求电弧中断时间要短，换焊条动作要快。在多层焊时，层间接头要错开，以提高焊缝的致密性。

4. 焊道的收尾

焊道的收尾是指一条焊缝焊完后的收弧。焊接时由于电弧吹力作用，如果收尾时将电弧突然熄灭，则焊缝表面留有凹陷较深的弧坑会降低焊道收尾处的强度，并容易产生应力集中而引起弧坑裂纹。如果过快拉断电弧，则液体金属中的气体来不及逸出，容易产生气孔等缺陷。因此，收尾时不仅要熄弧，还要填满弧坑。常用的收尾方法有以下三种。

（1）反复断弧收尾法　焊条移到焊缝终点时，在弧坑处反复熄弧—引弧—熄弧数次，直到填满弧坑为止，如图3-19所示。此方法适用于薄板和大电流焊接时的收尾，但碱性焊条不宜采用，否则容易出现气孔。

（2）划圈收尾法　焊条移到焊缝终点时，利用手腕动作使焊条尾端作圆周运动，直到填满弧坑后再拉断电弧，如图3-20所示。此方法适用于厚板，对于薄板则容易烧穿。

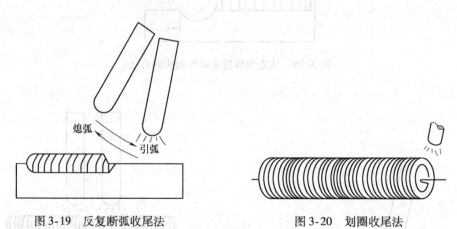

图3-19　反复断弧收尾法　　　　　　　图3-20　划圈收尾法

（3）回焊收尾法　焊条移到焊道收尾处停止，但不熄弧，将焊条慢慢抬高，适当改变焊条角度，如图3-21所示。焊条由位置1转到位置2，填满弧坑后再转移到位置3，然后慢慢拉断电弧。这时熔池会逐渐缩小，凝固后一般不会出现缺陷，如图3-22所示。碱性焊条常用此法熄弧，此方法也可用于换焊条或临时停弧时的收尾。

图 3-21 回焊时焊条的角度

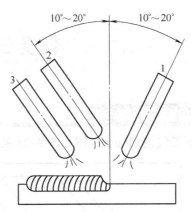

图 3-22 回焊收尾法

检测与评价

平敷焊的评分标准见表 3-4。

表 3-4 平敷焊的评分标准

考核项目	考核内容	考核要求	分值	评分要求
安全文明生产	能正确执行安全操作规程	按达到规定标准的程度评分	20	根据现场纪律，视违反规定的程度扣 0~20 分
	按有关文明生产的规定，做到工作地面整洁、工件和工具摆放整齐	按达到规定标准的程度评分	20	根据现场纪律，视违反规定的程度扣 0~20 分
主要项目	焊缝的外形	波纹均匀，焊缝平直	30	视波纹不均匀、焊缝不平直的程度扣 0~30 分
	焊缝表面质量	焊缝表面无气孔、夹渣、焊瘤、裂纹、未熔合	30	焊缝表面有气孔、夹渣、焊瘤、裂纹、未熔合其中一项扣 1~30 分

想一想

1）焊条电弧焊时引弧的方法有哪些？

2）简述运条的方法及使用范围。

3）焊道的连接方法有哪几种？

4）如何进行焊道收尾？

任务三　碳弧气刨

训练试件图

碳弧气刨训练试件图如图 3-23 所示。

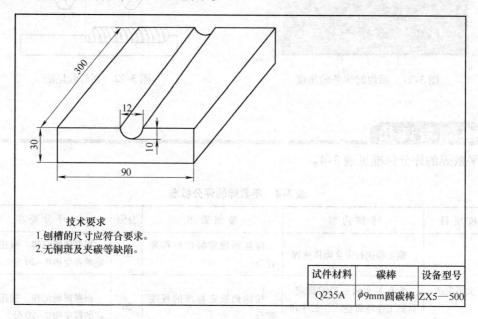

技术要求
1. 刨槽的尺寸应符合要求。
2. 无铜斑及夹碳等缺陷。

试件材料	碳棒	设备型号
Q235A	φ9mm圆碳棒	ZX5—500

图 3-23　碳弧气刨训练试件图

学习目标

本任务主要要求在学习过程中学会碳弧气刨的基本操作方法，并且能正确进行手工碳弧气刨操作技术，能够根据现场情况调节焊接电流、电弧长度，实现钢板的手工碳弧气刨。

教学可以按照"知识讲解→教师演示→学生实操训练→教师巡回指导和评价"四个环节进行。

知识学习

碳弧气刨和焊条电弧焊操作一样，都是利用电弧来加热金属的。在作业过程中，操作人员同样有可能会受到弧光辐射和飞溅金属的烫伤，因此在作业前应穿戴劳动防护用品，戴上面罩，并遵守安全操作规程。

一、碳弧气刨设备介绍

碳弧气刨是用碳棒或石墨棒作为电极与工件间产生的电弧将金属熔化，并用压缩空气将其吹走，以实现在金属表面刨槽、开坡口的一种加工方法，图 3-24 所示为碳弧气刨工作示意图。

碳弧气刨设备主要由碳弧气刨机、碳弧气刨用空气压缩机组成，碳弧气刨所用工具为碳弧气刨枪，在自动碳弧气刨时还有自行式小车和导轨及其控制装置。

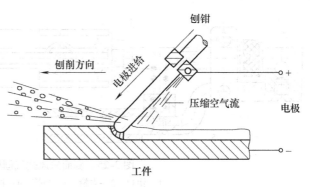

图 3-24　碳弧气刨工作示意图

1. 电源设备

碳弧气刨机采用直流电源，由于碳弧气刨使用电流较大，连续工作时间长，因此应选用功率较大的直流弧焊机。一般采用 ZX5—500 型或 ZX5—630 型直流电源。利用碳弧气刨刨削非合金钢、铸钢、低合金钢、不锈钢、铝及铝合金（铝镁合金除外）、钛及钛合金时，采用直流反接；刨削灰铸铁、球墨铸铁、可锻铸铁、铜及铜合金、镍及镍合金时应采用直流正接。

2. 压缩空气气源

大中型企业都有集中供气的空压站，空气压力一般为 0.4 ~ 1MPa，所以都能满足碳弧气刨的要求。也可利用小型空气压缩机（风泵）来供气，只要空气压力为 0.4 ~ 0.6MPa 即可。压缩空气的压力主要根据电流的大小而定，电流与压缩空气压力之间的关系见表 3-5。

表 3-5　电流与压缩空气压力之间的关系

电流/A	140 ~ 190	190 ~ 270	270 ~ 340	340 ~ 470	470 ~ 550
压缩空气压力/MPa	0.35 ~ 0.4	0.4 ~ 0.5	0.5 ~ 0.55	0.5 ~ 0.55	0.5 ~ 0.6

小知识

压缩空气的作用

压缩空气的压力高，能迅速的吹走液体金属，碳弧气刨过程顺利进行。常用的压缩空气压力为 0.4 ~ 0.6MPa，同时要采取一定的措施去除空气中的油分。

3. 气刨枪

气刨枪起到夹持碳棒、传导电流、输送压缩空气的作用。气刨枪按压缩空气喷射方式分侧面送风式和圆周送风式两种。

（1）侧面送风式　侧面送风式气刨枪的结构如图 3-25 所示。其优点是压缩空气能紧贴碳棒吹出，当碳棒伸出长度在较大范围内变化时，都能正确而有力地将熔化金属吹走，同时电弧前面的金属不受压缩空气的冷却，碳棒伸出长度调节方便，能夹持不同直径和形状的碳棒。

其缺点是只能向左或向右单一方向进行气刨，钳口无绝缘，易与焊件形成短路而烧坏，重量还不够轻。

（2）圆周送风式　圆周送风式气刨枪枪体头部有分瓣弹性夹头，四周均布四个或以上

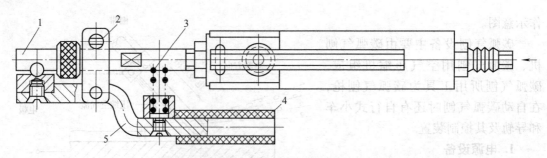

图 3-25　侧面送风式气刨枪的结构

1—钳口　2—夹箍　3—弹簧　4—橡胶圈　5—杠杆

的出风口，以使碳棒均匀冷却，如图 3-26 所示。刨削时熔渣从槽两侧吹出，刨槽前端无熔渣堆积，便于看清刨削方向，适合各种位置操作；它能使用圆形或扁形碳棒，手柄及枪头绝缘较好，枪体重量轻，使用灵活。

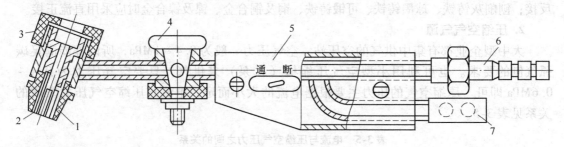

图 3-26　圆周送风式气刨枪的结构

1—喷嘴　2—分瓣弹性夹头　3—绝缘帽　4—压缩空气开关　5—手柄　6—气管接头　7—电缆接头

4. 碳棒

碳棒即电极，用于传导电流和引燃电弧。一般都采用镀铜实心碳棒，通常一根碳棒可气刨约 1.5 ~ 3m。

常见的碳棒有圆形和矩形（扁形）两种。圆碳棒主要用于焊缝的清根、背面开槽及清除焊接缺陷等，而扁碳棒用于刨除构件上残留的临时焊道和焊疤、削除焊缝的余高和焊瘤等。常见碳棒的型号和规格见表 3-6。

表 3-6　常见碳棒的型号和规格　　　　　　　　（单位：mm）

型　号	截面形状	尺　寸		
		直　径	截面积	长　度
B504 ~ B516	圆形	4 ~ 16	—	305 355
BL508 ~ BL525	圆形	8 ~ 25	—	355, 430, 510
B5412 ~ B5620	矩形	—	4 × 12　5 × 10 5 × 12　5 × 15 5 × 18　5 × 20 5 × 25　6 × 20	305 355

注：特殊规格，按合同规定。

碳棒直径、刨削电流和钢板厚度的关系见表3-7。

表3-7　碳棒直径、刨削电流和钢板厚度的关系

钢板厚度/mm	碳棒直径/mm	刨削电流/A
1～3	4	160～200
3～5	6	200～270
5～10	6	270～320
10～15	8	320～360
15～20	8	360～400
20～30	10	400～500

二、碳弧气刨的特点与用途

1. 碳弧气刨的特点

1）生产效率高。碳弧气刨与风铲相比，可提高生产率四倍。

2）改善了劳动强度。与风铲相比，碳弧气刨没有震耳的噪声，劳动强度小。

3）使用灵活方便，有利于保证质量。碳弧气刨可在较窄小的位置施工，尤其在返修焊缝时，便于观察焊接缺陷的清除。

2. 碳弧气刨的用途

1）利用碳弧气刨可清焊根和背面开槽。

2）刨除焊缝或钢材中的缺陷。

3）开焊接坡口。

4）清理铸件飞翅、浇冒口及铸件中的缺陷。

5）切割不锈钢中、薄厚度板。

6）削除焊缝的余高。

技能训练

碳弧气刨的全过程包括引弧、气刨、收弧和清渣等几个步骤。

一、碳弧气刨前的准备工作

1）劳动防护和安全作业。碳弧气刨前，应穿戴劳动防护用品，戴上面罩，并遵守安全操作规程。

2）碳弧气刨设备的外部接线。气刨前，应将气刨电源、空气导管、气刨枪和工件等用电缆线进行连接，并接上主电源，采用直流反接，如图3-27所示。

3）调节碳棒伸出长度。碳棒伸出长度在80～100mm，如图3-28所示。检查压缩空气管路，调整好出风口，使出风口对准刨槽，如图3-29、图3-30所示。

4）调节压缩空气压力。将压缩空气压力调节到0.4MPa以上。

5）焊接参数的调节。将电流调节到450～500A。

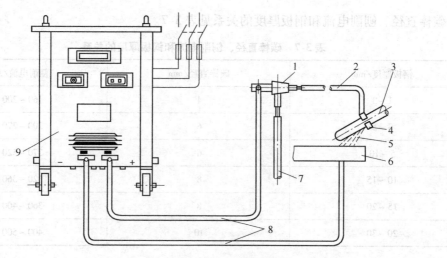

图 3-27　碳弧气刨外部接线图

1—接头　2—风电合—软管　3—碳棒　4—气刨枪钳口　5—压缩空气气流
6—工件　7—进气胶管　8—电缆线　9—弧焊整流器

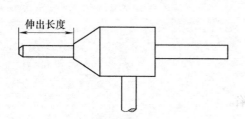

图 3-28　碳棒的伸出长度

图 3-29　碳棒的夹持形式

二、刨削

1. 引弧

引弧前，先用石笔在钢板中心线上画一条基准线，按图 3-27 所示的碳弧气刨外部接线图接线，然后起动焊机，开始引弧，如图 3-30 所示。由于引弧时短路电流较大，事先应送风冷却碳棒，否则碳棒会很快发红。此时钢板还处于冷却状态，来不及熔化，故易造成夹碳缺陷。

图 3-30　碳弧气刨的引弧

小知识

对碳棒移动的要求是：准、平、正。

（1）准　准是指深浅准和刨槽的路线准。在进行厚钢板的深坡口刨削时，宜采用分段多层刨削法，即先刨一浅槽，然后沿槽再深刨。

（2）平　平是指碳棒移动要平稳。若在操作中碳棒稍有上下波动，则刨槽表面就会凹凸不平。

（3）正　正是指碳棒要端正，要求碳棒中心线应与刨槽中心线重合。

2. 气刨

刨削过程中，碳棒不应横向摆动和前后往复移动，只能沿刨削方向作直线运动。刨削时手要把稳，看好准线，碳棒要端正，倾角应保持在40°~60°之间，如图3-31所示。

刨削速度要均匀，同时要保证电弧稳定。当刨槽衔接时，应在弧坑上起弧，以免触及刨槽或产生凹陷。刨削结束时，应先断弧，过几秒后才可关闭送风阀门，使碳棒冷却，如图3-32所示。

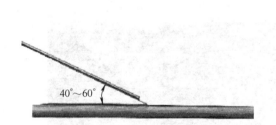

图3-31　碳棒的倾角

图3-32　碳弧气刨刨削示意图

在手工碳弧气刨时，碳棒的伸出长度是断续调整的。由于碳棒烧损，当伸出长度减少至20~30mm时，应将其重新调至80~100mm。调整碳棒伸出长度时，不应停止送风，以利碳棒冷却。当电弧引燃后，开始刨削时速度宜慢一点，因此时钢板温度低，不能很快熔化，否则易产生夹碳。当钢板熔化被压缩空气吹走时，可适当加快刨削速度。碳棒与刨槽夹角一般为40°~60°。引弧后应将气刨枪手柄慢慢按下，等刨削到一定深度时再平稳前进。

为保证刨槽质量，在刨削过程中应控制好以下几个工艺参数。

（1）碳棒与工件之间的夹角　应将碳棒与工件之间的夹角控制在40°~60°之间。

（2）刨削速度　根据槽深、电流、风压的大小选择刨削速度。刨削速度过小，电弧变长则电弧不稳；刨削速度过大，易造成夹碳现象，如图3-33所示。

（3）碳棒伸出长度　伸出长度过大，碳棒易发热，损耗较快；伸出长度过小，会妨碍对刨削过程和方向的观察，操作不便。

（4）弧长　电弧长度应保持在 1 ~ 2mm 为宜，并应尽量保持短弧，但电弧太短容易引起夹碳缺陷。

（5）压缩空气压力　压缩空气压力要大于 0.4MPa，以防止夹碳现象的产生。

（6）电流　电流增大，槽宽加宽。电流过大，碳棒头部容易发红，造成镀铜层脱落，形成铜斑。电流合适时，碳棒发红长度约为 25mm。

3. 收弧

碳弧气刨的收弧处往往是以后焊接时的收弧处。收弧处容易出现气孔和裂纹等缺陷，收弧时应防止熔化的液态金属留在刨槽里。一般可以采用过渡式收弧，如图 3-34 所示。先断弧，过几秒钟以后，再关闭压缩空气。

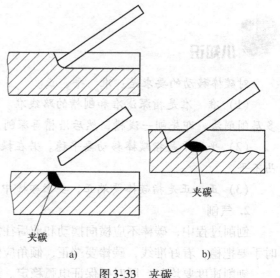

图 3-33　夹碳
a）刨削速度过快　b）碳棒送进太猛

4. 清渣

碳弧气刨结束后，应用錾子、扁头或尖头锤子及时将焊渣清除干净，以便于下一步焊接工作的顺利进行，如图 3-35 所示。

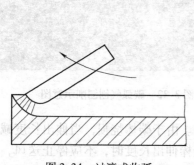

图 3-34　过渡式收弧

图 3-35　碳弧气刨后残留的焊渣

碳弧气刨技术的关键是排渣。气刨时，由于压缩空气是从碳弧后面吹来，如果压缩空气吹得很正，那么熔渣就会被吹到电弧的正前部。这种情况下刨槽两侧的熔渣最少，可节省清渣时间，但是技术较难掌握，而且前面的基准线容易被熔渣盖住，从而影响刨削方向的准确性。因此，通常采用的刨削方式是将压缩空气吹偏一点，使大部分熔渣能翻到刨槽的外侧，但不能使熔渣吹向操作者一侧，否则会造成烧伤。

检测与评价

碳弧气刨的评分标准见表 3-8。

表 3-8　碳弧气刨的评分标准

考核项目	考核内容	考核要求	分值	评分要求
安全文明生产	能正确执行安全操作规程	按达到规定标准的程度评分	20	根据现场纪律,视违反规定的程度扣 0~20 分
	按有关文明生产的规定,做到工作地面整洁、工件和工具摆放整齐	按达到规定标准的程度评分	20	根据现场纪律,视违反规定的程度扣 0~20 分
主要项目	刨槽外形尺寸	槽深 20mm	15	槽深超差 2mm 一处扣 2 分
		槽宽 30mm	15	槽宽超差 2mm 一处扣 4 分
	刨槽的外观质量	无铜斑、夹碳等缺陷	15	出现铜斑、夹碳一处扣 5 分
	刨槽直线度	≤2mm	15	超差 2mm 一处扣 4 分

想一想

1) 碳弧气刨有哪些应用?
2) 简述碳弧气刨的刨削过程。
3) 碳弧气刨的关键技术是什么?

任务四　I形坡口对接平焊

训练试件图

I 形坡口对接平焊训练试件图如图 3-36 所示。

学习目标

本任务主要要求在学习过程中,掌握 I 形坡口对接平焊的基本技能,能实现 I 形坡口的对接平焊。

教学可以按照"知识讲解→教师演示→学生实操训练→教师巡回指导和评价"四个环节进行。

知识学习

平焊时焊条熔滴受重力的作用过渡到熔池,其操作相对容易。但如果焊接参数不合适或操作不当,容易在根部出现未焊透现象,或出现焊瘤。当运条和焊条角度不当时,熔渣和熔池金属不能良好分离,容易引起夹渣。

板厚为 10mm、两面焊时,一般采用不开坡口(或者说开 I 形坡口)。

开坡口的目的是为了保证电弧能深入焊缝根部将其焊透,并获得良好的焊缝成形,以及便于清渣。对于合金钢来说,坡口还能起到调节母材金属和填充金属比例的作用。对接接头常用的坡口形式有 I 形、Y 形、带钝边 U 形等。

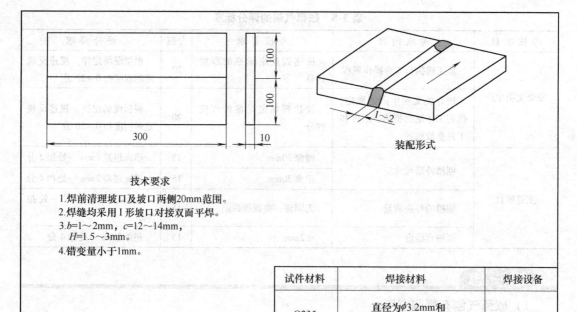

技术要求

1. 焊前清理坡口及坡口两侧20mm范围。
2. 焊缝均采用I形坡口对接双面平焊。
3. $b=1\sim2mm$，$c=12\sim14mm$，$H=1.5\sim3mm$。
4. 错变量小于1mm。

试件材料	焊接材料	焊接设备
Q235	直径为$\phi3.2mm$和$\phi4.0mm$的E4303焊条	ZX7-400

图 3-36　I形坡口对接平焊训练试件图

技能训练

一、装配及定位焊

焊件装配时应保证两板对接处平齐，板间应留有 1~2mm 间隙，错边量小于1mm。预制出 2°~3° 的反变形。反变形量的获得方法是：两手拿住其中一块钢板的两边，轻轻磕打另一块钢板，如图 3-37 所示。用一金属直尺放在被置弯的试件两侧，测量 H 值的大小，如图 3-38 所示，H 的数值应为 2~3mm，待试件焊后其反变形角均在合格范围内。

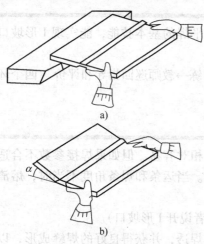

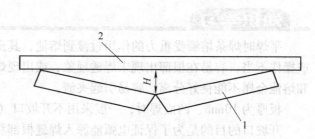

图 3-37　反变形量的获得方法　　图 3-38　反变形量经验测定法
　a) 反变形量的获得　b) 反变形角示意图　　　　1—焊件　2—金属直尺

反变形角的获得方法

反变形角度可用游标万能角度尺或焊缝测量器测量，也可测平板表面高度差值，然后计算出反变形角。

焊件的装配间隙值用定位焊缝来保证。定位焊缝是指焊前为装配和固定焊件接头的位置而焊接的短焊缝。定位焊时应采用与焊接试件材料相同牌号的焊条，将装配好的试件在端部进行定位焊，定位焊缝长度为 10～15mm。定位焊的起头和收尾应圆滑过渡，以免正式焊接时焊不透。定位焊缝有缺陷时应将其清除后重新焊接，以保证整个焊缝的焊接质量。定位焊的电流应比正式焊接电流大些，通常大 10%～15%，以保证焊透；定位焊缝的余高应低些，以防止正式焊接后余高过高。

I 形坡口试件定位焊后的情况如图 3-39 所示，然后将试件装夹在工装夹具上，如图 3-40 所示。

图 3-39　I 形坡口试件定位焊后的情况

图 3-40　装夹试件图

二、焊接操作

焊道的起头、连接、收尾与平焊相同。

1. 正面焊缝的焊接

（1）第一道焊缝的焊接　焊接时，首先进行正面焊，采用直线形运条法，选用 $\phi3.2$mm 的焊条，焊条角度如图 3-41 所示，焊接参数见表 3-9。为了获得较大的熔深和焊缝宽度，运条速度要慢些，以使熔深达到板厚的 2/3。

更换焊条时，应在弧坑前 10mm 处引弧，回焊至弧坑处，沿弧坑形状将弧坑填满，不需下压电弧，之后再正常施焊。

（2）第二层（盖面焊）的焊接　清理焊渣后，进行正面盖面焊。采用 $\phi4.0$mm 焊条，可适当加大电流焊接，快速运条，保证焊缝宽度为 12～14mm，余高小于 3mm，如图 3-42 所示。在焊接过程中，如发现熔渣与熔化金属混合不清时，可把电弧稍拉长些，同时增大焊条前倾角，并向熔池后面推送熔渣，这样熔渣就被推到熔池后面，如图 3-43 所示，从

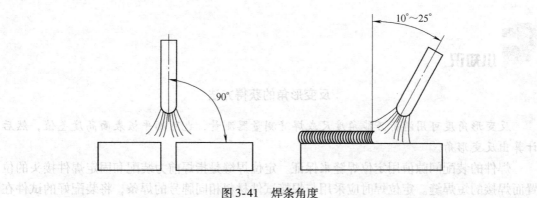

图 3-41　焊条角度

而可防止产生夹渣缺陷。盖面焊焊接时其焊缝接头应与第一层焊道的接头错开，并注意收弧时一定要填满弧坑，防止产生弧坑裂纹。

表 3-9　I 形坡口对接平焊焊接参数

焊层分布	焊接层次	焊条直径/mm	焊接电流/A
	正面 1	$\phi3.2$	100～130
	正面 2	$\phi4.0$	160～170
	背面 1	$\phi4.0$	160～170

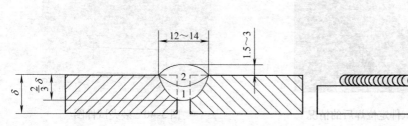

图 3-42　正面焊缝的外形尺寸　　　　　　图 3-43　推送熔渣的方法

2. 背面焊缝的焊接

正面焊缝焊完后，将焊件翻转，清理背面焊渣。焊接背面焊缝时，除重要的构件外，一般不必清根。焊接时，选用直径为 $\phi4.0mm$ 的焊条，采用直线形运条法。此时可适当加大电流，因为

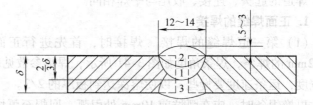

图 3-44　I 形坡口对接平焊焊缝的外形尺寸

正面焊缝已起到了封底的作用，所以一般不会发生烧穿现象，同时可保证将正面焊缝焊根部分焊透。焊缝外形尺寸如图 3-44 所示。

检测与评价

I形坡口对接平焊的评分标准见表3-10。

表3-10 I形坡口对接平焊的评分标准

考核项目	考核内容	考核要求	配分	评分要求
安全文明生产	能正确执行安全操作规程	按达到规定标准的程度评分	5	根据现场纪律,视违反规定程度扣1~5分
	按有关文明生产的规定,做到工作地面整洁、工件工具摆放整齐	按达到规定标准的程度评分	5	根据现场纪律,视违反规定程度扣1~5分
主要项目	焊缝的外形尺寸	焊缝余高1.5~3mm;焊缝两侧余高差不大于3mm。焊缝宽度比坡口每增宽0.5~2.5mm,宽度差≤3mm	10	有一项不符合要求扣5分
		焊后反变形角0°~3°	10	焊后反变形角大于3°扣10分
	焊缝表面成形	波纹均匀,焊缝整齐、光滑	15	视波纹不均匀、焊缝不平直的程度扣1~15分
	焊缝的外观质量	焊缝表面无气孔、夹渣、焊瘤、裂纹、未熔合	15	焊缝表面有气孔、夹渣、焊瘤、裂纹、未熔合中的一项扣1~15分
		焊缝咬边深度不大于0.5mm,焊缝两侧咬边累计总长不超过焊缝有效长度范围内的26mm	10	焊缝两侧咬边累计总长每5mm扣1分,咬边深度大于0.5mm或咬边累计总长大于26mm此项不得分
		未焊透深度不大于1.5mm,总长不超过焊缝有效长度范围内的26mm	10	未焊透累计总长每5mm扣2分,未焊透深度大于1.5mm或累计总长大于26mm按不及格处理
	焊缝的内部质量	按GB/T 3323—2005《金属熔化焊接接头射线照相》对焊缝进行X射线检测	20	I级片不扣分,II级片扣5分,III级片扣10分,IV级以下为不及格

想一想

1) 厚度为10mm的板焊接有什么困难?如何解决?

2) 如何进行10mm板厚的双面焊?

任务五　T形接头平角焊

训练试件图

T形接头平角焊训练试件图如图3-45所示。

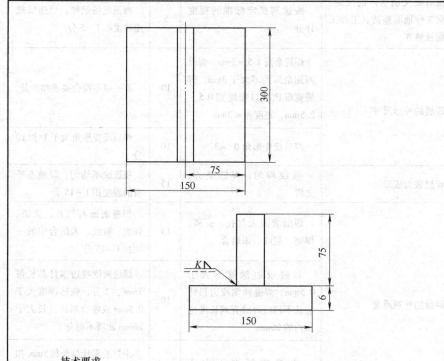

技术要求

1. 焊前清理坡口及坡口两侧20mm范围。
2. 平板T形接头平角焊，单层角焊缝。
3. 焊脚K=4.2mm。

试件材料	焊接材料	焊接设备
Q235	直径为φ4mm的 E4303焊条	ZX7–400

图3-45　平角焊训练试件图

学习目标

本任务主要要求在学习过程中，掌握板T形接头平角焊的基本技能，能实现板T形接头的平角焊。

教学可以按照"知识讲解→教师演示→学生实操训练→教师巡回指导和评价"四个环节进行。

知识学习

本任务中，由于板厚为6mm，因此焊脚尺寸应采用4.2mm，并采用单层焊。板平角焊焊件形成T形接头，操作时易产生咬边、未焊透、焊脚下垂等缺陷，如图3-46所示。焊接时由于电弧的吹力，熔池呈凹坑状，如收尾时立即拉断电弧，则会产生一个低于焊道表面或焊件平面的弧坑，使收尾处强度降低，也易产生应力集中而形成弧坑裂纹、气孔等缺陷。所以每段焊缝结束收弧时一定要注意填满弧坑，可以采用反复断弧收尾法或划圈收尾法。

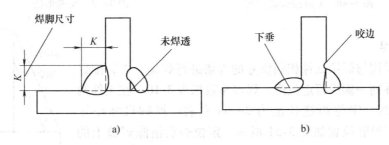

图3-46 平角焊时产生的缺陷

对焊工的操作要求严格，平角焊时除了焊接缺陷应在技术条件允许的范围之内，还要求角焊缝的焊脚尺寸符合技术要求，以保证接头的强度。

角焊缝各部位的名称见图3-47。

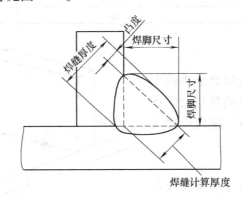

图3-47 角焊缝各部位的名称

技能训练

一、装配及定位焊

1. 装配要求

先将两试件拼装成90°T形接头，两端对齐，在立板与横板之间不可留间隙。装配时，用直角尺检查立板的垂直度，如图3-48所示。对于焊后要求严格的焊件，在装配时应预留一定的角变形量，即采用反变形法装配，如图3-49所示；或在不施焊的一侧用圆钢或角铁等作为临时支撑加固焊件，即采用刚性固定法，如图3-50所示。

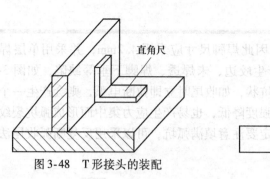

图 3-48 T形接头的装配

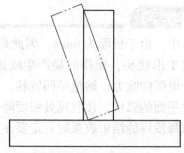

图 3-49 反变形法

2. 定位焊

装配后采用与焊接试件相同牌号的焊条进行焊接，将装配好的试件在焊件同一侧进行定位焊，焊接参数见表3-10。在工件两端进行定位焊，定位焊缝长度为 20mm 左右，焊脚尺寸小于4mm。定位焊焊缝位置如图 3-51 所示。定位焊后清除焊缝上的焊渣，用直角尺测量两焊件间的垂直度。

单层平角焊焊接参数见表 3-11。

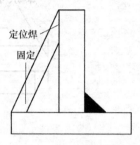

图 3-50 刚性固定法

表 3-11 单层平角焊焊接参数

焊　　接	焊条直径/mm	焊接电流/A
定位焊	ϕ3.2	110～130
正式焊	ϕ4	140～160

二、焊接

焊接前应检查焊件接口处是否因定位焊而变形，如变形已影响接口处的齐平，应进行矫正。焊接时，应先焊接无定位焊缝的一侧。

1. 焊条角度

焊接时，焊条工作角（焊条轴线在和焊条前进方向垂直的平面内的投影与工件表面间的角度）为 45°，焊条正倾角为 5°～25°（正倾角表示焊条向前进方向倾斜，负倾角表示焊条向前进方向的反方向倾斜），如图 3-52 所示。

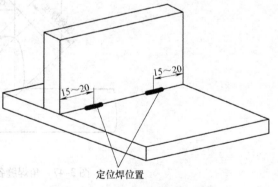

图 3-51 平角焊定位焊缝位置

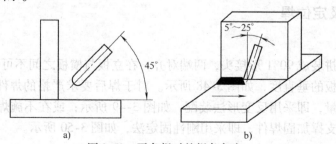

a)　　　　　　　　　　b)

图 3-52 平角焊时的焊条角度

当立板与横板厚度不同时，焊条的工作角也不相同，如图 3-53 所示。

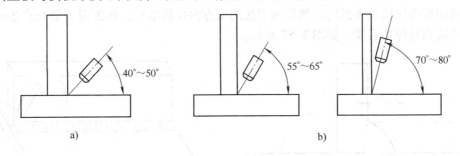

图 3-53 T形接头平角焊时焊条的角度

a）两板厚度相等 b）两板厚度不相等

2. 焊道的起头

焊接参数见表 3-10。引弧点应距离焊件起始端 10mm 左右，在焊缝轨迹内引燃电弧，可减少焊接缺陷，也可以清除引弧痕迹，如图 3-54 所示。电弧引燃后快速移至始焊点，先将电弧稍微拉长些，对焊件瞬时预热，然后适当缩短电弧。焊接时焊条要对准根部，电弧停留时间要长一些，待试件夹角处完全熔化产生熔池后，开始焊接。

3. 运条

采用斜圆圈形小幅度摆动运条，运条动作如图 3-55 所示。由 $a \rightarrow b$ 速度要慢，以使水平焊件有足够的熔深；由 $b \rightarrow c$ 稍快一些，防止熔化金属下淌；在 c 处稍作停顿，以保证垂直焊件的渗透深度，避免咬边；由 $c \rightarrow d$ 稍慢，以保证根部焊透和水平件的熔深，避免夹渣；由 $d \rightarrow e$ 稍快些，并在 e 处稍作停顿。这样反复有规律地运条，并采用短弧焊接，可以获得良好的焊接质量。

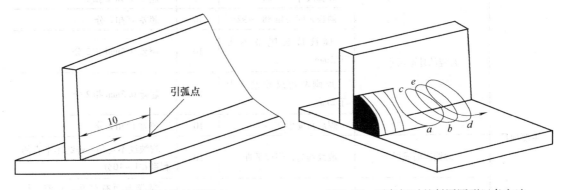

图 3-54 平角焊起头的引弧点　　　　图 3-55 平角焊时的斜圆圈形运条方法

要求焊脚均匀整齐，无下垂。焊脚尺寸 $K = 4.2mm$，对称分布，保证焊脚呈等腰三角形，如图 3-56 所示。焊缝局部咬边不应大于 0.5mm。

4. 焊道的连接

接头时尽量采用"热接头"。在弧坑前 10～15mm 两板夹角处利用划擦法引弧，引燃电弧后，把电弧拉到原弧坑的 2/3 或 3/4 处，压短电弧，稍作停顿，使新形成的熔池形状、大小与原熔池相同时，再朝焊接方向移动，注意新熔池不得偏离原弧坑位置。

5. 收弧

采用回焊收尾法填满弧坑，然后朝焊接的反方向拉断电弧。收弧时为防止产生磁偏吹现象，应适当使焊条后倾，如图 3-57 所示。

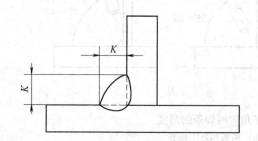

图 3-56 单层焊焊道分布

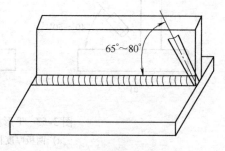

图 3-57 防止磁偏吹的焊条角度

检测与评价

板 T 形接头平角焊的评分标准见表 3-12。

表 3-12 板 T 形接头平角焊的评分标准

考核项目	考核内容	考核要求	分值	评分标准
安全文明生产	能正确执行安全操作规程	按达到规定标准的程度评分	5	根据现场纪律，视违反规定的程度扣 1~5 分
	按有关文明生产的规定，做到工作地面整洁、工件和工具摆放整齐	按达到规定标准的程度评分	5	根据现场纪律，视违反规定的程度扣 1~5 分
主要项目	焊缝的外形尺寸	焊脚尺寸 4.2mm	10	超差 0.5mm 扣 2 分
		两板之间夹角 88°~92°	10	超差 1° 扣 3 分
		焊接接头脱节不大于 2mm	10	超差 0.5mm 扣 2 分
		焊脚两边尺寸差不大于 2mm	10	超差 0.5mm 扣 2 分
		焊后角变形 0°~3°	10	超差 1° 扣 2 分
	焊缝表面成形	波纹均匀，焊缝平直	10	视波纹不均匀、焊缝不平直的程度扣 1~10 分
	焊缝的外观质量	焊缝表面无气孔、夹渣、焊瘤、裂纹、未熔合	15	焊缝表面有气孔、夹渣、焊瘤、裂纹、未熔合其中一项扣 15 分
		焊缝咬边深度不大于 0.5mm，焊缝两侧咬边累计总长不超过焊缝有效长度范围内的 26mm	15	焊缝两侧咬边累计总长每 5mm 扣 1 分，咬边深度大于 0.5mm 或累计总长大于 26mm，此项不得分

想一想

1）I形接头平角焊时有什么困难？如何解决？

2）简要说明斜圆圈形运条的基本过程。

任务六　T形接头立角焊

训练试件图

T形接头立角焊训练试件图如图3-58所示。

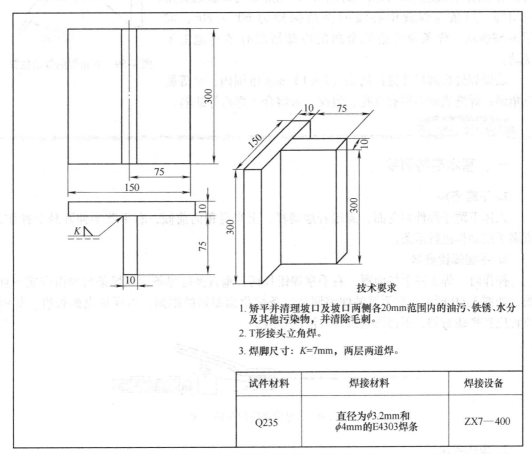

技术要求

1. 矫平并清理坡口及坡口两侧各20mm范围内的油污、铁锈、水分及其他污染物，并清除毛刺。
2. T形接头立角焊。
3. 焊脚尺寸：K=7mm，两层两道焊。

试件材料	焊接材料	焊接设备
Q235	直径为ϕ3.2mm和ϕ4mm的E4303焊条	ZX7—400

图3-58　T形接头立角焊训练试件图

学习目标

本任务主要要求在学习过程中，掌握焊条电弧焊的T形接头立角焊的基本技能和操作技巧，能实现T形接头立角焊。

教学可以按照"知识讲解→教师演示→学生实操训练→教师巡回指导和评价"四个环节进行。

知识学习

T形接头焊件处于立焊位置时的焊接操作叫做立角焊。立角焊时，电弧的热量向焊件的三个方向传递，散热快，所以应选用较大的焊接电流，见表3-12。立角焊的关键是控制熔池金属。立焊时，熔池中的液体金属在重力作用下容易下淌，甚至会产生焊瘤以及在焊缝两侧形成咬边、夹渣、顶角焊不透等缺陷。因此与平焊相比，立焊是一种操作难度较大的焊接方法。

焊接过程中应保证焊件两侧能均匀受热，所以应注意焊条的位置和倾斜角度。如两焊件板厚相同，则焊条与两板的夹角应相等，焊条与焊缝中心线的夹角保持为60°～80°，如图3-59所示。焊条要按熔池金属的冷却情况有节奏地上下摆动。

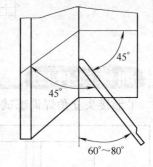

图3-59　立角焊的焊条位置

表面焊缝焊脚尺寸应控制在（7±1）mm范围内，呈等腰三角形；焊缝表面不得有气孔、裂纹、未熔合、焊瘤等缺陷。

技能训练

一、基本姿势训练

1. 下蹲姿势

人体下蹲于焊件偏左面，脚跟着地蹲稳，上半身稍向前倾，右手臂半伸开悬空操作，依靠手腕动作进行运条。

2. 手握焊钳姿势

操作时，焊工左手持面罩，右手拿焊钳长柄，垂直夹持焊条，即焊条与焊钳应成一直线，如图3-60所示。靠手臂的伸缩调节焊条熔化而缩短的距离，以保证电弧长度。焊钳位置应在视线右侧，不得影响观察熔池的视线。

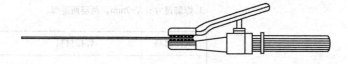

图3-60　焊钳夹持焊条的形式

3. 操作手法

为了克服顶角焊不透、在焊缝两侧容易咬边等缺点，焊接时焊条在焊缝两侧要稍作停留，电弧长度应尽可能缩短，焊条摆动幅度应不大于焊缝宽度。为了获得质量优良的焊缝，要根据具体情况选择合适的运条方法。

常用的运条方法有三角形运条法、锯齿形运条法和月牙形运条法等，如图3-61所示。跳弧法的要领是当熔滴脱离焊条末端过渡到对面熔池后，立即将电弧向焊接方向提起，使熔化金属有凝固的机会，随后将电弧拉回熔池。当熔滴过渡到熔池后，再提起电弧。操作时应注意，如果前一个熔池尚未冷却到一定程度就急忙下降焊条，会造成熔滴之间熔合不良。

二、装配与定位焊

1. 装配

先将两试件拼装成90°T形接头，两端对齐，在立板与横板之间不可留间隙。装配时，手拿直角尺，检查横板与立板间的垂直度。

2. 定位焊

装配后用直径为φ3.2mm的焊条在一侧进行定位焊，焊接参数见表3-13。定位焊位置是焊缝首、尾两点，定位焊缝的长度为10~15mm。装配好的立角焊工件如图3-62所示。定位焊后清除焊缝上的焊渣，用直角尺测量两焊件的垂直度。

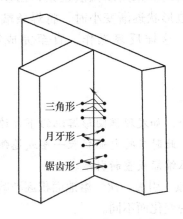

图3-61 立角焊常用运条方法

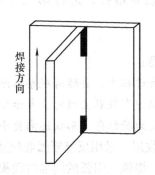

图3-62 装配好的立角焊工件

表3-13 立角焊焊接参数

焊道分布	焊接层数	焊条直径/mm	焊接电流/A	运条方法
	定位焊	φ3.2	125~130	
	第一层（1）	φ3.2	120~130	断弧焊
	盖面焊（2）	φ4.0	140~160	连弧焊

注意：

只允许在焊件的一面定位，以便于拆卸。定位焊缝要有足够的强度，以保证焊接过程中不变形，焊后达到90°要求。焊接时，应先焊无定位焊缝的一面，如图3-62所示。

三、焊接

1. 第一层的焊接

（1）起弧　选用直径为 φ3.2mm 的焊条，焊接电流调至 125～130A，焊接参数见表 3-12。在距离角接缝始端 15mm 左右、T 形接头的尖角处引燃电弧，略拉长电弧下移至距离焊缝始端 2～3mm 的起弧端，预热的瞬间即压短电弧作横向摆动，并在熔池两边稍作停留，使其形成第一个熔池，即形成第一个台阶。

起弧时，焊速不宜太快。先长弧预热，后短弧作横向摆动，也可作两次横向摆动。待第一个焊波达到焊脚尺寸要求后，再向上跳弧。起弧处焊缝应符合尺寸要求，无下垂，不歪斜，无夹渣、气孔等。

（2）运条　立角焊运条的关键是如何控制好熔池的温度、形状和大小。焊条要根据熔池金属的冷却情况有节奏地作上下、左右摆动。采用断弧法运条，出现第一个熔池后，当看到熔池瞬间冷却成一个暗红点、熔池形状逐渐变小时，将焊条端部迅速做小横向摆动到熔孔，进行第二个熔孔的焊接。这样反复操作，直至完成第一层的焊接。

注意：

在运条过程中，要随时观察熔池的形状和大小，如发现椭圆形熔池的下部边缘由比较平直的轮廓逐渐鼓肚变圆时，表示熔池温度稍高，此时应将电弧拉长一些或熄弧。待熔池由亮白色变为暗红色、形状逐渐变小时，再将电弧缩短或重新引弧。

（3）收尾　采用反复断弧收尾法收尾。每熄弧、引弧一次，熔池面积逐渐减小，直到填满弧坑。熄弧、引弧的间隔时间根据熔池温度的变化而不同。

2. 盖面焊

将第一层焊缝周围飞溅和不平的地方修平。选用直径为 φ4mm 的焊条焊接，焊接参数见表 3-12。采用锯齿形运条法、短弧焊接，焊条角度、焊脚方向与第一层相同。焊条端部要对准第一层焊缝和焊缝趾部，以保证层间熔合。接头时，尽量采用"热接头"，在弧坑前 10～15mm、两板接缝中间处划擦引弧，如图 3-63 所示。引燃电弧后，略拉长电弧，下

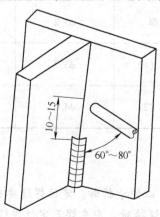

图 3-63　立角焊接头连接方法

移到原弧坑的2/3处，然后压短电弧作横向摆动。当新形成的熔池形状、大小与原熔池相同时，立即向焊缝中心线上方施焊。

注意:

运条时上升速度要均匀，注意观察焊脚两侧，熔化程度要一致，焊条摆动到焊缝中间位置时稍快些，以避免熔化金属下坠和咬边。

检测与评价

板I形接头立角焊的评分标准见表3-14。

表3-14 板I形接头立角焊的评分标准

考核项目	考核内容	考核要求	分值	评分标准
安全文明生产	能正确执行安全操作规程	按达到规定标准的程度评分	5	根据现场纪律，视违反规定的程度扣0~5分
	按有关文明生产的规定，做到工作地面整洁、工件和工具摆放整齐	按达到规定标准的程度评分	5	根据现场纪律，视违反规定的程度扣0~5分
主要项目	焊缝的外形尺寸	焊脚尺寸4.2mm	10	超差0.5mm扣2分
		两板之间夹角88°~92°	10	超差1°扣3分
		焊接接头脱节不大于2mm	10	超差0.5mm扣2分
		焊脚两边尺寸差不大于2mm	10	超差0.5mm扣2分
		焊后角变形0°~3°	10	超差1°扣2分
	焊缝表面成形	焊波均匀，焊缝平直	10	视焊波不均匀、焊缝不平直程度扣1~10分
	焊缝的外观质量	焊缝表面无气孔、夹渣、焊瘤、裂纹、未熔合	15	焊缝表面有气孔、夹渣、焊瘤、裂纹、未熔合其中一项扣15分
		焊缝咬边深度不大于0.5mm，焊缝两侧咬边累计总长不超过焊缝有效长度范围内的26mm	15	焊缝两侧咬边累计总长每5mm扣1分，咬边深度大于0.5mm或累计总长大于26mm，此项不得分

想一想

1）I形接头立角焊操作时有哪些困难？

2）I形接头立角焊运条的关键问题有哪些？

3）I形接头立角焊时易产生哪些缺陷？怎样防止？

任务七　水平固定管板焊接

训练试件图

水平固定管板焊接训练试件图如图3-64所示。

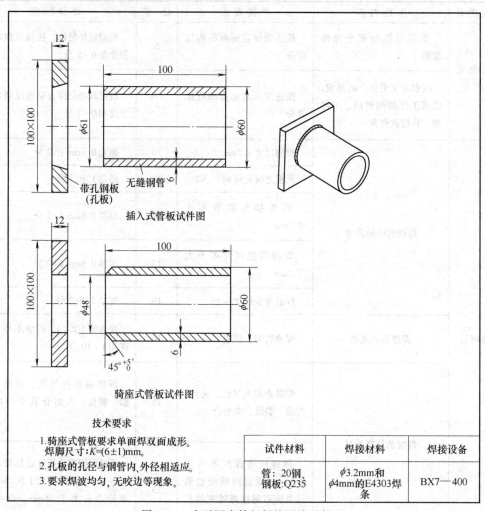

插入式管板试件图

骑座式管板试件图

技术要求

1. 骑座式管板要求单面焊双面成形。
   焊脚尺寸：K=(6±1)mm。

2. 孔板的孔径与钢管内、外径相适应。

3. 要求焊波均匀，无咬边等现象。

试件材料	焊接材料	焊接设备
管：20钢、钢板：Q235	φ3.2mm和φ4mm的E4303焊条	BX7—400

图3-64　水平固定管板焊接训练试件图

学习目标

本任务主要要求在学习过程中，掌握插入式、骑座式管板水平固定全位置焊的操作要领，掌握水平固定管板焊接技术，使焊缝的外表焊脚对称、无缺陷。

教学可以按照"知识讲解→教师演示→学生实操训练→教师巡回指导和评价"四个环节进行。

知识学习

由管子和平板（板上开孔）组成的焊接接头，叫做管板接头。管板接头是锅炉压力容器结构的基本形式之一。管板焊件的形式有插入式和骑座式两种，如图3-64所示。插入式管板只需保证根部焊透，外表焊脚对称、无缺陷，比较容易焊接，可以根据情况选择采用单层单道焊或两层两道焊。骑座式管板除需保证焊缝外观外，还要保证焊缝背面成形，即单面焊双面成形的技术。通常采用多层多道焊，用打底焊保证焊缝背面成形和焊透，其余焊道保证焊脚尺寸和焊缝外观，装配、焊接难度大。管板焊缝在管子的圆周根部，因此焊接时要不断地转动手臂和手腕的位置，才能防止管子咬边和焊脚不对称等缺陷的产生。

单面焊双面成形操作技术

单面焊双面成形操作技术是指采用普通焊条，在坡口背面没有任何辅助措施的条件下，在坡口的正面进行焊接，焊后坡口的正、反两面都能得到均匀、成形良好、符合质量要求的焊缝的焊接操作方法。

焊接位置示意图如图3-65所示。焊接操作时，人呈下蹲姿势，两脚分开于焊件两侧，身体稍有前倾。下蹲位置要使焊接电弧能较顺利地沿着钢管圆周朝焊接方向移动，并且便于随时调整焊条角度。起焊时，上身略向右侧前倾，随即沿钢管圆周左向移动，然后依靠上半身，颈部和腰部扭动的有机配合来完成整个焊接过程。总之，要使视线始终能观察到整个圆周焊接熔池的变化情况。

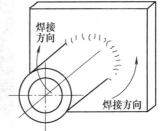

图3-65 焊接位置示意图

技能训练

一、试件的矫平和清理

焊前清理区如图3-66所示，必须将指定范围内的油、锈及其他污物清理干净，直至露出金属光泽为止，并清除毛刺，如图3-67所示。

二、插入式管板水平固定全位置焊

1. 装配及定位焊

为了便于说明焊接要求，我们规定从管子正前方正视管板时，可按时钟位置将试件12等分，最上方为12点（或0点），如图3-68所示。

将试件放置在水平面上，把钢管插入孔板内，保证钢管垂直于钢板，用直角尺测量钢管与平板间的垂直度，装配间隙小于1mm。然后在管子与平板的缝隙位置，可采用一点定位焊和二点定位焊定位方式，如图3-68所示。

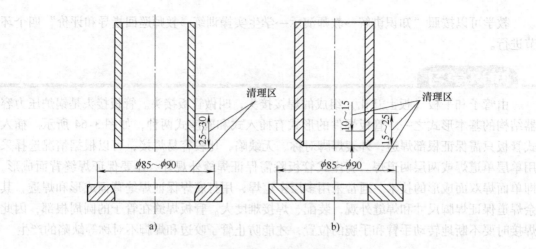

图 3-66　管板的焊前清理区

a）插入式管板　b）骑座式管板

图 3-67　打磨好的试板

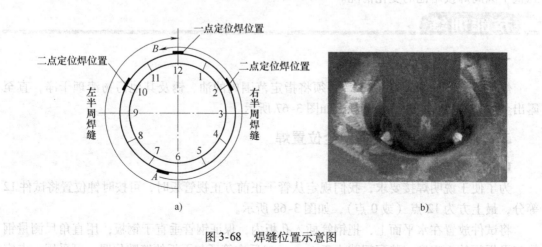

图 3-68　焊缝位置示意图

a）左右半周及定位焊缝位置　b）二点定位焊示意图

定位焊焊接参数：焊条直径 φ3.2mm，电流为 110~125A，见表 3-15。定位焊电流应比正式施焊电流略大 5~10A，以避免焊件刚开始施焊时温度过低造成粘焊条或金属熔化不良等现象。每段定位焊缝的长度为 10mm 左右。要保证管子轴线垂直孔板。

表 3-15　插入式管板水平固定全位置焊的焊接参数

焊道分布	焊接层数	焊条直径/mm	焊接电流/A	运条方式
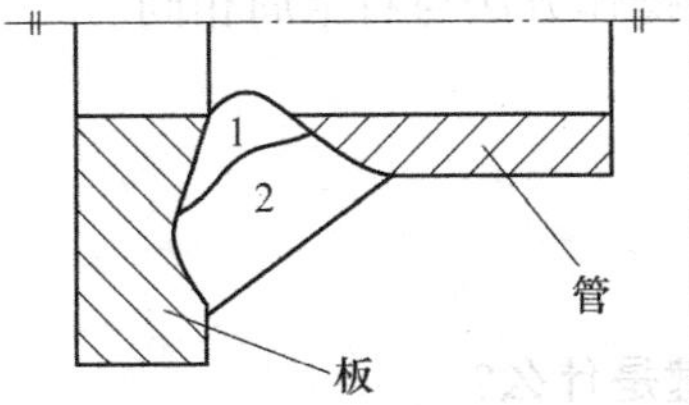 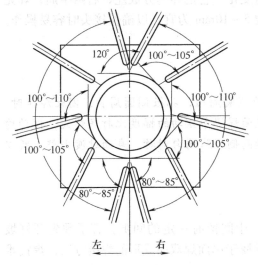	定位焊	φ3.2	110~125	
	第一层	φ3.2	100~125	断弧法
	第二层	φ4.0	140~160	连弧法

定位焊后将管子呈水平状态固定在焊接架上，定位焊焊缝放置于平焊位置（一点定位焊），如采用二点定位焊，焊点应分别放在"2点"和"10点"的位置，如图 3-68 所示。

2. 第一层的焊接

管板的环缝可分为左半周与右半周两部分，如图 3-69 所示。一般情况下，先焊右半周焊缝，后焊左半周焊缝。焊接参数的选择见表 3-14。

每个半周都存在仰、立、平三种不同位置焊接。将焊接处于焊接接口的某部位用 12 点钟的方式表示，焊条角度随焊接位置的变化而改变，如图 3-69 所示。焊条与板面间的夹角应保持 45°不变。

（1）右半周的焊接　在管板 A 点起弧，如图 3-70 所示，稍加预热，将电弧移向管子坡口根部，被击穿后，拉长电弧，然后恢复正常弧长转入焊接。用短弧作小幅度锯齿形横向摆动运条，采用断弧法。

图 3-69　插入式管板水平固定全
位置焊时焊条角度的变化

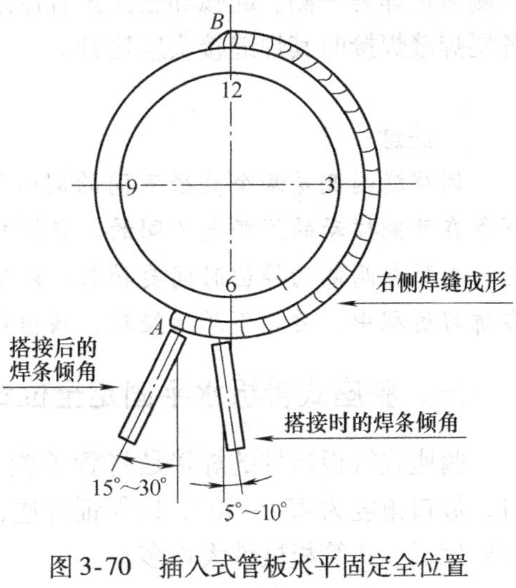

图 3-70　插入式管板水平固定全位置
焊打底焊时的焊条角度

61

注意：

开始右侧下半段焊接前，先检查前半段仰焊的起头质量。如果余高过高或熔合不好，要先将其修磨成斜坡状态再进行焊接；如果起头较薄，熔合情况良好，即可直接进行接头焊接。

（2）左半周的焊接 左半周焊接时应在6点处引燃电弧，稍加预热即可施焊。焊条角度如图3-69所示。要求形成平缓的连接接头，其各种位置的操作方法与右半周相同。

**小知识**

水平固定全位置焊盖面焊焊缝成形的关键是什么？

关键在于焊条角度的变化和运条方法。

仰焊位置用斜锯齿形运条；立焊位置逐渐变为水平锯齿形运条；接近平焊位置时，焊条逐渐变为向板侧斜拉运条，并逐渐加大运条的斜度。

打底焊接头尽量采用热接法。热接法接头时要注意以下几点。

1）更换焊条速度要快。最好在开始焊接时，持面罩的左手就拿几根准备更换的焊条。

2）位置要准。电弧到原弧坑处，估计新熔池的后沿与原弧坑后沿相切时立即将焊条前移，开始连续焊接。

3）掌握好电弧下压时间。当电弧已向前运动，焊至原弧坑前沿时，必须下压电弧，重新击穿坡口一侧。待新熔孔形成后，逐渐将焊条抬起，继续正常焊接。

3. 盖面焊

选用直径为$\phi4.0$mm的焊条，焊接电流为140～160A，见表3-14。盖面焊的焊条角度、运条方法与打底焊相同，只是焊接顺序有所变化。它把焊缝分成左、右两半周，焊完一侧后再焊另一侧。起弧和收弧位置以过中心线5～10mm为宜，以确保接头时容易操作。各层焊缝焊接时其焊缝接头应错开。

注意：

因焊缝两侧是两个直径不同的同心圆，管子侧圆周短，孔板侧圆周长，因此焊接时，焊条在两侧摆动的间距是不同的。在焊接时，盖面焊焊条摆动的幅度比打底焊大，摆动均匀。电弧在两侧的停留时间要稍长，以保证焊缝两侧焊脚均匀对称，表面过渡平整。所以在练习过程中，要善于总结经验，找出规律。

三、骑座式管板水平固定全位置焊

骑座式管板试件的焊接是将管子置于板上，中间留有一定的间隙，管子预先开好坡口，坡口角度为45°～50°，以保证焊透，所以其属于单面焊双面成形的焊接方法，焊接难度要比插入式管板试件大得多。

1. 装配及定位焊

管子和平板间要预留3～3.5mm的装配间隙（图3-71），可以直接用直径为$\phi3.2$mm

的焊芯填在中间，以保证间隙。定位焊缝采用一点定位，如图 3-68 所示，6 点处装配间隙为 3.0mm，12 点处装配间隙为 3.5mm。焊骑座式管板的定位焊缝时要特别注意，必须保证焊透，必须按正式焊接的要求焊定位焊缝，定位焊缝不能太高，长度在 10mm 左右。要保证管子轴线垂直孔板。焊接时用直径为 φ3.2mm 的焊条，先在间隙的下部板上引弧，然后迅速地向斜上方拉起，将电弧引至管端，将管端的钝边处局部熔化。在此过程中约产生 3~4 滴熔滴，然后立即熄弧，一个定位焊点即焊成。

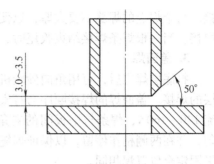

图 3-71 管板间的装配间隙

将试件固定好，使管子轴线在水平面内，12 点处在最上方。

小知识

什么是通球试验?

焊后使直径为焊管内径 85% 的钢球从管内通过，如能通过即为合格。

2. 第一层的焊接

焊道分布为两层两道。将试件管子分上下两半周进行焊接，先焊下半周，后焊上半周。每一半周焊缝再分成两段。先按逆时针方向焊完右边的 1/4（即 7 点~3 点处），然后按顺时针方向焊完左边的 1/4（即 7 点~9 点处），再按顺时针、逆时针焊完上半段。

第一层焊接选用直径为 φ3.2mm 的焊条，焊接电流为 100~120A，见表 3-16。焊条与平板的倾斜角度为 45°，如图 3-72 所示。焊接操作时，采用断弧法，就是在焊接过程中通过电弧反复交替燃烧与熄灭控制熄弧时间，从而控制熔池的温度、形状和位置，以获得良好的背面成形和内部质量。

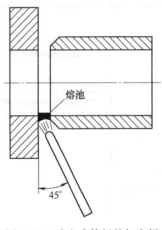

图 3-72 骑座式管板的打底焊

表 3-16 骑座式管板水平固定全位置焊的焊接参数

焊接层数	焊条直径/mm	焊接电流/A	运条方式
定位焊	φ3.2	110~125	
打底层	φ3.2	100~120	断弧法
盖面层	φ4.0	140~160	连弧法

如图 3-68 所示，从 A 点（即 7 点）处引弧，稍预热后，向上顶送焊条。焊接时，将焊条适当向里伸，约 1s 后可听到电弧穿透坡口而发出的"噗噗"声。由于坡口两侧金属的熔化，即可在焊条根部看到一个明亮的熔池，如图 3-72 所示。这时迅速提起焊条，熄灭电弧。此处形成的熔池是整条焊道的起点，常称为熔池座。熔池座形成后即转入正式焊

接。每个焊点的焊缝不要太厚，以便第二个焊点在其上引弧焊接，如此逐步进行打底层的焊接。当一根焊条焊接结束收尾时，要将弧坑引到外侧，否则在弧坑处往往会产生缩孔。

3. 盖面焊

打底层焊完后，可用角向砂轮机进行清渣，再磨去接头处过高的焊缝，然后进行盖面层的焊接。盖面焊的焊接顺序与打底焊相同。盖面焊采用直径为 $\phi4.0mm$ 的焊条，焊接电流 140~160A，焊条与平板间的夹角为 40°~45°，采用小锯齿形运条法，摆动幅度要均匀，并在两侧稍作停留，以保证焊缝焊脚均匀，无咬边等缺陷。操作方法与插入式管板水平固定全位置焊相同。

检测与评价

水平固定管板焊接的评分标准见表 3-17。

表 3-17　水平固定管板焊接的评分标准

考核项目	考核内容	考核要求	分值	评分标准
安全文明生产	能正确执行安全操作规程	按达到规定标准的程度评分	5	根据现场纪律，视违反规定的程度扣 1~5 分
	按有关文明生产的规定，做到工作地面整洁、工件和工具摆放整齐	按达到规定标准的程度评分	5	根据现场纪律，视违反规定的程度扣 1~5 分
主要项目	焊缝的外形尺寸	焊脚尺寸 6~8mm，凸、凹度≤1.5mm	10	焊脚尺寸不符合要求扣 7 分，凸、凹度不符合要求扣 3 分
		焊后角变形 0°~3°，焊缝错边量不大于 1.2mm	10	焊后角变形大于 3°扣 3 分，焊缝的错变量大于 1.2mm 扣 2 分
	通球检验（骑座式管板）	通球直径为 $\phi40mm$	15	通球检验不合格，此项不得分
		焊缝表面无气孔、夹渣、焊瘤、裂纹、未熔合	15	焊缝表面有气孔、夹渣、焊瘤、裂纹、未熔合其中一项扣 15 分
		焊缝咬边深度不大于 0.5mm，焊缝两侧咬边累计总长不超过焊缝有效长度范围内的 18mm	10	焊缝两侧咬边累计总长每 5mm 扣 1 分，咬边深度大于 0.5mm 或累计总长大于 18mm 此项不得分
	焊缝的外观质量	焊缝表面成形：波纹均匀、焊缝直线度	10	视焊缝不直、焊波不均匀的程度扣 1~10 分
		未焊透深度不大于 1mm，总长不超过焊缝有效长度范围内的 16mm	10	背面焊缝凹坑累计总长每 5mm 扣 2 分，凹坑深度大于 1mm 或累计总长大于 16mm，此焊件按不及格论
		背面焊缝凹坑深度不大于 1mm，总长度不超过焊缝有效长度范围内的 16mm	10	背面焊缝凹坑累计总长每 5mm 扣 2 分，凹坑深度大于 1mm 或累计总长大于 16mm，此项不得分

想一想

1）管板水平固定全位置焊有哪些困难？

2）如何进行插入式管板的水平固定全位置焊？

3）简述骑座式管板水平固定全位置焊的操作要点。

任务八 单面焊双面成形板对接平焊（酸性焊条）

训练试件图

单面焊双面成形板对接平焊（酸性焊条）训练试件图如图3-73所示。

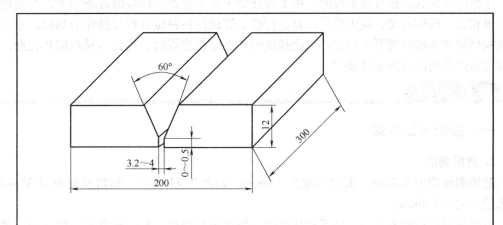

技术要求

1. 焊前清理坡口及坡口两侧20mm范围。
2. 单面焊双面成形板对接平焊。
3. 焊后变形量≤3°。

试件材料	焊接材料	焊接设备
Q235	直径为φ3.2mm和φ4.0mm的E4303焊条	ZX7—400

图 3-73 单面焊双面成形板对接平焊（酸性焊条）训练试件图

学习目标

本任务主要要求在学习过程中，掌握单面焊双面成形 V 形坡口对接平焊的基本技能，能实现 V 形坡口的对接平焊。

教学可以按照"知识讲解→教师演示→学生实操训练→教师巡回指导和评价"四个环节进行。

小知识

什么是多层焊？

多层焊指熔敷两个以上焊层才完成整个焊道的焊接，并且每个焊层一般有一条焊道的焊接方法。

什么是单面焊双面成形技术?

其是指采用普通焊条,在坡口背面没有任何辅助措施的条件下,在坡口的正面进行焊接,焊后坡口的正、反两面都能得到均匀、成形良好、符合质量要求焊缝的焊接操作方法。

知识学习

板厚大于6mm时,为了保证焊透,应采用V形或X形等坡口形式对接,进行多层焊和多道焊。在某些重要焊接结构制作中,对于这种大厚板既要求焊透又无法在背面进行清根和重新焊接的情况,就要采取单面焊双面成形技术。

单面焊双面成形技术不需要采取任何辅助措施,只需要在坡口根部进行组装定位时,按焊接时的不同操作手法留出不同的间隙。

单面焊双面成形板对接平焊时,由于焊件处于水平位置,焊接时焊条朝下,与其他焊接位置相比,操作方便,应用较广,是进行板、管试件各种位置焊接操作的基础,也是焊工技能培训和考核的重要内容之一。此技能的难点是打底焊时,熔孔不易观察和控制,焊缝背面易产生超高或焊瘤等缺陷。

技能训练

一、装配与定位焊

1. 装配间隙

起始端间隙为3.2mm,末端间隙为4.0mm,如图3-74所示。预留反变形量3°~4°,错边量不大于1.0mm。

反变形量获得的方法是:两手拿住其中一块钢板的两边,轻轻磕打另一块钢板,如图3-75所示。

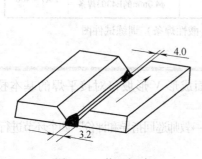

图3-74 装配间隙

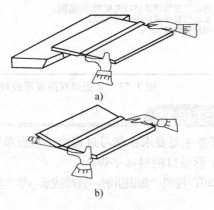

图3-75 平板装配时的预留反变形量
a) 反变形量的获得方法 b) 反变形角示意图

装配时可分别将直径ϕ3.2mm和ϕ4.0mm的焊条夹在试件两端,将一金属直尺搁在被置弯的试件两侧,要求中间的空隙能通过一根带药皮的焊条,如图3-76所示(试件宽度为 100mm 时，放置直径 φ3.2mm 焊条；宽度为 125mm 时，放置直径 φ4.0mm 焊条）。这样预置反变形量待试件焊后其变形角均在合格范围内。

2. 定位焊

采用与焊接试件相同牌号的焊条，将装配好的试件在端部进行定位焊，并在试件反面两端定位焊，焊缝长度为 10～15mm。始端可少焊些，终端应多焊一些，以防止在焊接过程中收缩造成未焊段坡口间隙变窄从而影响焊接。定位焊后将焊件放置在工位架上，如图 3-77 所示。

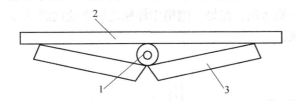

图 3-76　反变形量经验测定法

1—焊条　2—金属直尺　3—焊件

图 3-77　工位架上待焊的焊件

二、焊接

厚板焊接时应开坡口，以保证根部焊透。开 V 形坡口，采用多层焊。

12mm 板 V 形坡口对接平焊焊接参数见表 3-18。

表 3-18　12mm 板 V 形坡口对接平焊焊接参数

焊道分布	焊接层次	焊条直径/mm	焊接电流/A
	打底层 1	φ3.2	95～105
	填充层 2、3	φ4.0	170～180
	盖面层 4	φ4.0	165～175

1. 打底焊

打底焊是保证单面焊双面成形焊接质量的关键。打底焊目前有断弧焊和连弧焊两种方法。

小知识

什么是断弧焊?

断弧焊就是指在焊接过程中通过电弧反复交替燃烧与熄灭控制熄弧时间，从而控制熔

池的温度、形状和位置，以获得良好的背面成形和内部质量。

（1）断弧焊法　断弧焊时，电弧时燃时灭，靠调节电弧燃、灭时间的长短来控制熔池温度，焊接参数选择范围较宽，是酸性焊条常用的一种打底焊方法。

焊接时，选择焊条直径为 $\phi3.2mm$，焊接电流为 95～105A。首先在定位焊缝上引燃电弧，再将电弧移到坡口根部，以稍长的电弧（约 3.2～4mm）在该处摆动两三个来回进行预热。然后立即压低电弧（约 2mm），约 1s 后可听到电弧穿透坡口而发出的"噗噗"声。同时定位焊缝及相接坡口两侧的金属开始熔化，并形成熔池。这时迅速提起焊条，熄灭电弧。此处形成的熔池是整条焊道的起点，常称为熔池座。

熔池座形成后即转入正式焊接。焊接时采用短弧焊，焊条前倾角为 50°～70°，如图 3-78 所示。正式焊接时引燃电弧的时机应在熔池座金属未完全凝固、熔池中心半熔化、从护目镜下观察该部分呈黄亮色的状态。在坡口的一侧重新引燃电弧，并使电弧盖住熔池金属的 2/3 处。电弧引燃后立即向坡口的另一侧运条，在另一侧稍作停顿之后迅速向斜后方提起熄弧，这样便完成了第一个焊点的焊接。

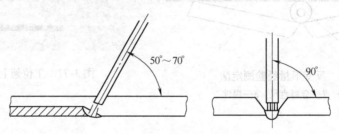

图 3-78　对接平焊打底焊的焊条角度

电弧从开始引燃至熄灭所产生的热量，约 2/3 用于加热坡口的正面熔池座前沿，并使熔池座前沿两侧产生两个大于装配间隙的熔孔，如图 3-79 所示。另外 1/3 的热量透过熔孔加热背面金属，同时将熔滴过渡到坡口的背面。这样，贯穿坡口正、反两面的熔滴就与坡口根部及熔池座形成一个穿透坡口的熔池，凝固后形成穿透坡口的焊点。

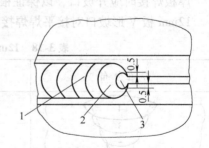

图 3-79　板对接平焊时熔孔的位置与大小
1—焊缝　2—熔池　3—熔孔

下一个焊点的操作与第一个焊点相同，操作中应注意每次引弧的间距和电弧燃灭的节奏要保持均匀平稳，以保证坡口根部熔化深度一致，焊道宽窄、高低均匀。电弧燃、灭节奏一般为 45～55次/min，每个焊点使焊道前进 1.0～1.5mm，正、反两面焊道高在 2mm 左右。更换焊条动作要快，以使焊道在较高温度下连接，从而保证连接处的质量。

（2）连弧焊法　用连弧焊法进行打底焊时，电弧连续燃烧，采用较小的根部间隙，选用较小的焊接电流。焊接时，电弧始终处于燃烧状态并作有规律的摆动，使熔滴均匀过渡到熔池。连弧焊法背面成形较好，热影响区分布均匀，焊接质量较高，是目前推广使用的一种打底焊方法，碱性焊条应用此种方法。

焊接时，选取焊条直径为 $\phi3.2mm$，焊接电流为 95～105A。从一端施焊，在定位焊点一侧坡口上引弧后，在坡口内侧采用与月牙形相仿的运条方式，如图 3-80 所示。

 小知识

什么是热接法与冷接法？

焊道接头可以采用热接法或冷接法。

热接法：前焊缝的熔池还没完全冷却就立即接头。

冷接法：施焊时，先将收弧处已冷却的弧坑打磨成缓坡形，在距弧坑前端 10mm 处引弧。

电弧从坡口一侧到另一侧作一次运条后，即完成一个焊点的焊接。焊条摆动节奏为每分钟完成约 50 个焊点，相互重合约 2/3，一个焊点沿焊道前进约 1.5mm，焊接中熔孔明显可见，坡口根部熔化缺口约 1mm，电弧穿透坡口的"噗噗"声非常清楚。

焊缝接头时，在弧坑后 10mm 处引弧，然后正常运条至熔池 1/2 处，将焊条下压击穿熔池，再将焊条提起 1～2mm，在熔化熔孔前沿的同时，向前运条施焊，焊接接头前的焊道，如图 3-81 所示。

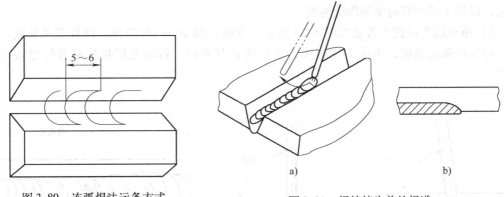

图 3-80 连弧焊法运条方式

图 3-81 焊接接头前的焊道
a) 换焊条前的收弧位置 b) 焊缝接头前的焊道

收弧时，应缓慢将焊条向左或向右后方带一下，随后即收弧。这样可以避免在弧坑表面产生冷缩孔。

本任务中采用断弧打底的方法，具体操作如下。

在定位焊起弧处引弧，待电弧引燃并稳定燃烧后把电弧运动到坡口中心，电弧下压，并作小幅度横向摆动，听到"噗噗"声，同时看到每侧坡口边各熔化 1～1.5mm，形成第一个熔池。此时立即断弧，断弧的位置应在形成焊点坡口的两侧，动作要果断。断弧焊接头运条方式如图 3-82 所示。待熔池稍微冷却（大约 2s 后），透过目镜观察熔池液态金属逐渐变暗、只剩一个亮点时，将焊条端部迅速作小幅横向摆动到熔孔，进行第二个熔孔的焊接。这样反复类推，直到完成打底层的焊接。

2. 填充层焊接

填充层施焊前应对前一层焊缝仔细清渣，特别是死角处更要清理干净。填充焊的运条

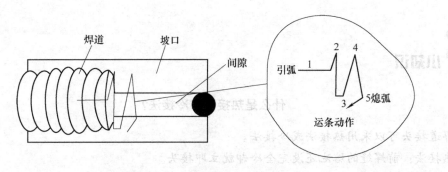

图 3-82 断弧焊接头运条方式

手法为月牙形或锯齿形，焊条摆动幅度要大些，在坡口两侧停留时间稍长，以保证焊道表面平整并略下凹。焊条与焊接前进方向的夹角为 70°~90°，如图 3-83 所示。填充层焊接采用直径 φ4.0mm 的焊条，焊接电流为 170~180A。填充焊共两层。填充焊时应注意以下几点。

1）摆动到两侧坡口处要稍作停留，以保证两侧有一定的熔深，并使填充焊道略向下凹。

2）第二道填充层焊缝的厚度应低于母材表面 0.5~1mm。要注意不能熔化坡口两侧的棱边，以便于盖面焊时掌握焊缝宽度。

3）填充层焊接接头方法如图 3-84 所示。在弧坑前 10mm 处引弧，回焊至弧坑处，沿弧坑形状将弧坑填满，不需下压电弧，之后再正常施焊。各填充层焊接时其焊缝接头应错开。

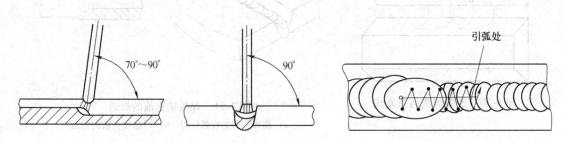

图 3-83 填充层焊接时的焊条角度   图 3-84 填充层焊接接头方法

4）更换焊条时位置要准，电弧到原弧坑处，估计新熔池的后沿与原弧坑后沿相切时立即将焊条前移，开始连续焊接。

5）注意第一道填充层焊缝厚度不宜过厚，否则温度过高易将打底层的焊缝完全熔化，形成焊穿或焊缝塌陷造成背面焊缝超高。

6）各层焊缝焊接时其焊缝接头应错开。

3. 盖面焊

采用直径 φ4.0mm 焊条，焊接电流应稍小一点；要使熔池形状和大小保持均匀一致，焊条与焊接方向夹角应保持 75° 左右；采用月牙形运条法或 8 字形运条法；焊条摆动到坡口边缘时应稍作停顿，以免产生咬边。

更换焊条收弧时应对熔池稍填熔滴，迅速更换焊条，并在弧坑前 10mm 左右处引弧，然后将电弧退至弧坑的 2/3 处，填满弧坑后正常进行焊接。接头时应注意，若接头位置偏后，则接头部位焊缝余高过高；若接头位置偏前，则焊道脱节。焊接时应注意保证熔池边沿不得超过表面坡口棱边 2mm，否则焊缝超宽。

焊接时由于电弧吹力的作用熔池呈凹坑状，如收尾时立即拉断电弧，则会产生一个低于焊道表面或焊件平面的弧坑，使收尾处强度降低，也易产生应力集中而形成弧坑裂纹。所以每层焊缝结束收弧时一定要注意填满弧坑，盖面焊的收弧采用划圈收尾法和回焊收尾法，最后填满弧坑使焊缝平滑。

焊完后的试件如图 3-85、图 3-86 所示。

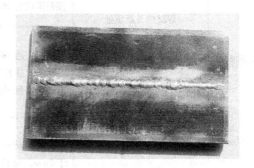

图 3-85　板对接平焊件正面　　　　图 3-86　板对接平焊件背面

检测与评价

单面焊双面成形板对接平焊（酸性焊条）的评分标准见表 3-19。

表 3-19　单面焊双面成形板对接平焊（酸性焊条）的评分标准

考核项目	考核内容	考核要求	配分	评分要求
安全文明生产	能正确执行安全操作规程	按达到规定标准的程度评定	5	根据现场纪律，视违反规定的程度扣 1~5 分
	按有关文明生产的规定，做到工作地面整洁、工件和工具摆放整齐	按达到规定标准的程度评定	5	根据现场纪律，视违反规定的程度扣 1~5 分
主要项目	焊缝的外形尺寸	焊缝余高 0~3mm，余高差不大于 2mm。焊缝宽度比坡口每增宽 0.5~2.5mm，宽度差不大于 3mm	10	有一项不合格要求扣 2 分
		焊后角变形 0°~3°，焊缝的错位量不大于 1.2mm	10	焊后角变形大于 3°扣 3 分，焊缝的错位量大于 1.2mm 扣 2 分
	焊缝表面成形	波纹均匀，焊缝平直	10	视波纹不均匀、焊缝不平直程度扣 1~10 分

（续）

考核项目	考核内容	考核要求	配分	评分要求
主要项目	焊缝的外观质量	焊缝表面无气孔、夹渣、焊瘤、裂纹、未熔合	10	焊缝表面有气孔、夹渣、焊瘤、裂纹、未熔合其中一项扣10分
		焊缝咬边深度不大于0.5mm，焊缝两侧咬边累计总长不超过焊缝有效长度范围内的26mm	10	焊缝两侧咬边累计总长每5mm扣1分，咬边深度大于0.5mm或累计总长大于26mm此项不得分
		未焊透深度不大于1.5mm，总长不超过焊缝有效长度范围内的26mm	10	未焊透累计总长每5mm扣2分，未焊透深度大于1.5mm或累计总长大于26mm此焊接按不及格论
		背面焊缝凹坑深度不大于2mm，总长不超过焊缝有效长度范围内的26mm	10	背面焊缝凹坑累计总长每5mm扣2分，凹坑深度大于2mm或累计总长大于26mm，此项不得分
	焊缝的内部质量	按 GB/T 3323—2005《金属熔化焊焊接接头射线照相》对焊缝进行X射线检测	20	Ⅰ级片不扣分，Ⅱ级片扣5分，Ⅲ级片扣10分，Ⅳ级以下为不及格

想一想

1）什么是单面焊双面成形技术？

2）如何进行V形坡口的板对接平焊？

3）焊缝收尾时容易产生什么现象？应如何注意？

4）V形坡口对接平焊盖面焊时，应采取哪些措施保证焊缝表面质量？

任务九 单面焊双面成形板对接平焊（碱性焊条）

训练试件图

单面焊双面成形板对接平焊（碱性焊条）训练试件图如图3-87所示。

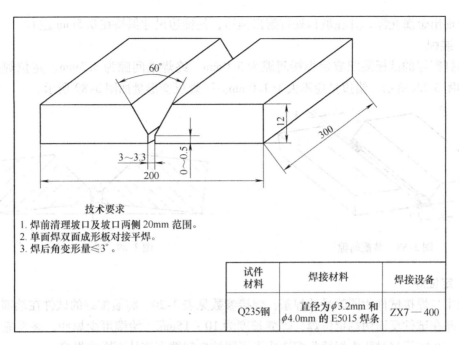

技术要求

1. 焊前清理坡口及坡口两侧 20mm 范围。
2. 单面焊双面成形板对接平焊。
3. 焊后角变形量≤3°。

试件材料	焊接材料	焊接设备
Q235钢	直径为φ3.2mm 和 φ4.0mm 的 E5015 焊条	ZX7 — 400

图 3-87 单面焊双面成形板对接平焊（碱性焊条）训练试件图

学习目标

本任务主要要求在学习过程中掌握碱性焊条电弧焊的板对接平焊、单面焊双面成形的操作技巧和运条操作方法，能实现碱性焊条连弧焊接。

教学可以按照"知识讲解→教师演示→学生实操训练→教师巡回指导和评价"四个环节进行。

知识学习

平焊是焊条电弧焊的基础。平焊时，由于焊件处在俯焊位置，与其他焊接位置相比操作较容易。平焊时熔化金属主要靠重力过渡，焊接技术容易掌握。但是，平焊位置打底焊时，熔孔不易观察和控制，在电弧吹力和熔化金属的重力作用下，易使焊道背面产生超高或焊瘤等缺陷。因此，这个项目的焊接仍具有一定难度。

打底焊时，采用碱性焊条连弧焊进行单面焊双面成形。若操作不当，容易产生未焊透、焊瘤等缺陷。在焊接过程中，注意焊前要仔细清理被焊工件，使之露出金属光泽；采用划擦法引弧、短弧焊；随着焊接空间位置的改变，应保持焊条角度相对不变；选择合适的焊接参数；运条时摆动要均匀；注意接头方法，以获得优质焊缝。

技能训练

一、装配及定位焊

1. 焊前清理

用角向砂轮机将试板两侧坡口边缘 20～30mm 范围以内的油、污、锈、垢清除干净，使之呈现出金属光泽，并在坡口处打磨出钝边，使钝边尺寸保持在 0.5mm 左右。

2. 装配

将打磨好的试板装配成始焊端间隙为 3.0mm、终焊端间隙为 3.3mm。定位焊接两试板，如图 3-88 所示。错边量应不大于 1.0mm。平焊反变形量如图 3-89 所示。

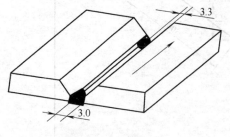

图 3-88　装配间隙

图 3-89　平焊反变形量

3. 定位焊

采用与焊接试件相同牌号的焊条，焊接参数见表 3-20。将装配好的试件在端部进行定位焊，并在试件反面两端定位焊，焊缝长度为 10～15mm。始端可少焊些，终端应多焊一些，以防止在焊接过程中焊缝收缩造成未焊段坡口间隙变窄从而影响焊接。

二、焊接

厚板焊接时应开坡口，以保证根部焊透。板厚为 12mm，开 V 形坡口，采用四层四道焊，即第一层为打底焊，第二、三层为填充层，第四层为盖面焊。

12mm 板 V 形坡口对接平焊焊接参数见表 3-20。

表 3-20　12mm 板 V 形坡口对接平焊焊接参数

焊 层 分 布	焊接层次	焊条直径/mm	焊接电流/A
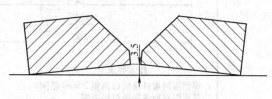	打底层 1	ϕ3.2mm	80～90
	填充层 2、3	ϕ4mm	170～180
	盖面层 4	ϕ4mm	165～175

1. 打底焊

第一层打底焊是单面焊双面成形的关键。焊接时，电弧始终处于燃烧状态并作有规则的摆动，使熔滴均匀过渡到熔池。碱性焊条宜采用连弧法。应用连弧法背面成形较好，热影响区分布均匀，焊接质量较高，是目前推广使用的一种打底层焊接方法。

打底焊要注意以下几点。

（1）控制引弧位置　打底焊从试板左端定位焊缝的始焊处开始引弧。电弧引燃后，稍作停顿预热，然后横向摆动向右施焊。待电弧到达定位焊缝右侧前沿时，将焊条下压并稍作停顿，以便形成熔池。

（2）控制熔孔的大小　在电弧的高温和吹力作用下，试板坡口根部熔化并击穿形成熔孔，如图 3-90 所示。此时应立即将焊条提起至离开熔池约 1.5mm 左右，即可以向右正常施焊。

打底焊时为了保证得到良好的背面成形和优质焊缝，要将焊接电弧控制得短些，运条要均匀，前进的速度不宜过快。要注意将焊接电弧的2/3覆盖在熔池上，电弧的1/3保持在熔池前，用来熔化和击穿试件的坡口根部以形成熔孔。施焊过程中要严格控制熔池的形状，使其尽量保持大小一致，并观察熔池的变化及坡口根部的熔化情况。焊接时，如果有明显的熔孔出现，则背面可能要被烧穿或产生焊瘤。

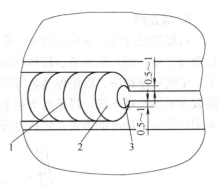

图3-90　板对接平焊时的熔孔
1—焊缝　2—熔池　3—熔孔

焊接过程中若发现熔孔太大，可稍加快焊接速度和摆动频率、减小焊条与焊件间的夹角；若发现熔孔太小，则可减慢焊接速度和摆动频率、加大焊条与焊件间的夹角。只有保持熔孔大小一致（压低电弧，手把要稳，焊速要匀，一般情形下不要拉长电弧或作"挑弧"动作），才能焊出理想的背面成形。

（3）控制熔化金属和熔渣的流动方向　焊接过程中电弧永远要在熔化金属的前面，利用电弧和药皮熔化时产生气体的定向吹力，将熔化金属吹向熔池后方。这样既能保证熔深，又能保证熔渣与熔化金属分离，从而可以减少产生夹渣和气孔的可能性。

（4）控制坡口两侧的熔合情况　焊接过程中要随时观察坡口两侧的熔合情况，必须清楚地看见坡口面熔化，并与焊条熔敷金属混合形成熔池，熔池边缘要与两侧坡口面熔合在一起才行。

（5）焊缝接头　打底焊无法避免焊接接头，保证焊道整体平直，无焊瘤、未焊透、凹坑缺陷，接头不脱节的关键，是必须抓好收弧与接头两个环节。

打底焊的具体操作方法如下：从试板左端定位焊缝的始焊处开始引弧，作1~2s的稳定电弧动作后，电弧作小月牙形或小锯齿形横向摆动，当电弧运动到定位焊边缘坡口间隙处压低电弧向右连续施焊。焊条的前倾角为50°~70°，如图3-91所示。在整个施焊过程中，应始终能听见电弧击穿坡口钝边的"噗噗"声。焊条的摆动幅度要小，一般应控制在电弧将两侧坡口钝边熔化1.5~2mm为宜。电弧每运动到一侧坡口钝边处稍停作稳弧动作（$t \leqslant 2s$），也就是保持电弧在坡口两侧慢、中间快的原则。通过护目遮光镜片，可以清楚地观察到熔池形状，也可看到电弧将熔渣透过熔池，流向焊缝背面，从而保证焊缝背面成形良好。

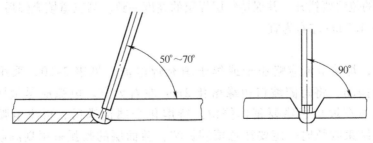

图3-91　对接平焊打底焊的焊条角度

2. 填充焊

打底焊完成后，要彻底清渣。第二道、第三道焊缝为填充层，为防止因熔渣超前（超过焊条电弧）而产生夹渣，应压住电弧，采用锯齿形运条法。电弧要在坡口两侧多停留一下，中间运条稍快，以使焊缝金属圆滑过渡，坡口两侧无夹角，熔渣覆盖良好。应保证焊道表面平整而略下凹。焊条与焊接前进方向的角度为70°~90°，如图3-92所示。填充层采用直径φ4.0mm的焊条，焊接电流为170~180A，见表3-20。填充焊共两层。

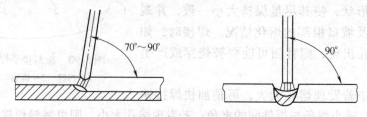

图 3-92　填充焊时的焊条角度

填充焊时应注意以下几点。

1）电弧摆动到两侧坡口处要稍作停留，以保证两侧有一定的熔深，并使填充焊道略向下凹。

2）第二道填充层焊缝应低于母材表面0.5~1mm，并使坡口轮廓线保持良好，以便于盖面焊时掌握焊缝宽度。焊接填充焊道时，焊条的摆幅逐层加大，但要注意不能太大，千万不能让熔池边缘超出坡口面上方的棱边。

3）填充焊接头方法如图3-93所示。在弧坑前10mm处引弧，回焊至弧坑处，沿弧坑形状将弧坑填满，不需下压电弧，之后再正常施焊。各填充层焊接时其焊缝接头应错开。

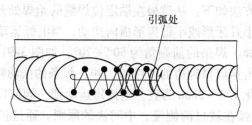

图 3-93　填充焊接头方法

每个接头的位置要错开，并保持每层焊层的高度一致。第三道填充焊后表面焊缝应低于试件表面1~1.5mm左右为宜。

3. 盖面焊

盖面焊时，焊接电流应略小于或等于填充焊电流，见表3-20，采用锯齿形运条法，并作横向摆动，将每侧坡口边缘熔化2mm左右为宜。电弧应尽量压低，焊接速度要均匀，电弧在坡口边缘要稍作停留。待熔化金属饱满后，再将电弧运至另一边缘。每层焊缝结束收弧时一定要注意填满弧坑，盖面层的收弧采用划圈收尾法和回焊收尾法，最后填满弧坑使焊缝平滑。这样才能避免表面焊缝产生咬边等缺陷，焊缝成形才能美观。

检测与评价

单面焊双面成形板对接平焊（碱性焊条）的评分标准见表3-21。

表3-21　单面焊双面成形板对接平焊（碱性焊条）的评分标准

考核项目	考核内容	考核要求	配　分	评分要求
安全文明生产	能正确执行安全操作规程	按达到规定标准的程度评定	5	根据现场纪律，视违反规定的程度扣1~5分
	按有关文明生产的规定，做到工作地面整洁、工件和工具摆放整齐	按达到规定标准的程度评定	5	根据现场纪律，视违反规定的程度扣1~5分
主要项目	焊缝的外形尺寸	焊缝余高0~3mm，余高差不大于2mm。焊缝宽度比坡口每增宽0.5~2.5mm，宽度差不大于3mm	10	有一项不符合要求扣2分
		焊后角变形0°~3°，焊缝的错位量不大于1.0mm	10	焊后角变形大于3°扣3分，焊缝错位量大于1.0mm扣2分
	焊缝表面成形	波纹均匀，焊缝平直	10	视波纹不均匀、焊缝不平直的程度扣1~10分
	焊缝的外观质量	焊缝表面无气孔、夹渣、焊瘤、裂纹、未熔合	10	焊缝表面有气孔、夹渣、焊瘤、裂纹、未熔合其中一项扣10分
		焊缝咬边深度不大于0.5mm，焊缝两侧咬边累计总长不超过焊缝有效长度范围内的26mm	10	焊缝两侧咬边累计总长每5mm扣1分，咬边深度大于0.5mm或累计总长大于26mm此项不得分
		未焊透深度不大于1.5mm，总长不超过焊缝有效长度范围内的26mm	10	未焊透累计总长每5mm扣2分，未焊透深度大于1.5mm或累计总长大于26mm此焊接按不及格论
		背面焊缝凹坑深度不大于2mm，总长不超过焊缝有效长度范围内的26mm	10	背面焊缝凹坑累计总长每5mm扣2分，凹坑深度大于2mm或累计总长大于26mm，此项不得分
	焊缝的内部质量	按GB/T 3323—2005《金属熔化焊焊接接头射线照相》对焊缝进行X射线检测	20	Ⅰ级片不扣分，Ⅱ级片扣5分，Ⅲ级片扣10分，Ⅳ级以下为不及格

想一想

1）打底焊时应注意哪些问题？

2）连弧焊的注意事项是什么？

任务十　单面焊双面成形板对接立焊（酸性焊条）

训练试件图

单面焊双面成形板对接立焊（酸性焊条）训练试件图如图3-94所示。

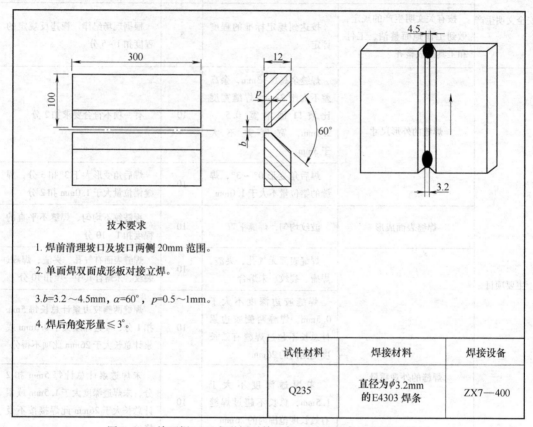

技术要求

1. 焊前清理坡口及坡口两侧20mm范围。

2. 单面焊双面成形板对接立焊。

3. $b=3.2\sim4.5$mm，$\alpha=60°$，$p=0.5\sim1$mm。

4. 焊后角变形量≤3°。

试件材料	焊接材料	焊接设备
Q235	直径为$\phi3.2$mm的E4303焊条	ZX7—400

图3-94　单面焊双面成形板对接立焊（酸性焊条）训练试件图

学习目标

本任务要求在学习过程中，掌握平板对接立焊的跳弧法及灭弧法；熟练掌握平板对接立焊操作技术，并实现对接立焊。

教学可以按照"知识讲解→教师演示→学生实操训练→教师巡回指导和评价"四个环节进行。

知识学习

立焊指焊缝倾角90°（立向上）或270°（立向下）位置的焊接。立焊时，熔池金属和熔渣受重力等作用下淌或下坠，因其流动性不同容易分离。熔池温度过高或体积过大时，液态金属易下淌形成焊瘤，或使焊缝成形困难，焊缝不如平焊时美观。当板厚小于6mm

时，一般采用不开坡口（I形坡口）对接立焊；当板厚大于6mm时，为保证焊透应采用V形或X形等坡口形式进行多层焊。

什么是坡口？

坡口就是指根据设计或工艺需要在工件的待焊部位加工并装配成的具有一定几何形状的沟槽。

什么是钝边？

焊件开坡口时，沿焊件厚度方向未开坡口的端面部分，称作钝边，俗称留根。

什么是根部间隙？

焊前在接头根部之间预留的空隙称作根部间隙。

技能训练

一、装配及定位焊

1. 试件装配

用角向砂轮机将试板两侧坡口边缘20~30mm范围内的油、污、锈、垢清除干净，使之呈现出金属光泽，并在坡口处打磨出钝边，使钝边尺寸保持在0.5~1.0mm。

将打磨好的试板装配成始焊端间隙为3.2mm、终焊端间隙为4.5mm（可用ϕ3.2mm与ϕ4.0mm焊条头分别夹在试板坡口的端头钝边处，定位焊接两试板，然后用敲渣锤打掉ϕ3.2mm和ϕ4.0mm焊条头即可），对定位焊缝焊接质量要求与正式焊缝一样。错边量要求不大于1mm。立焊反变形角为2°~3°，可用如图3-95所示方法来预制反变形角度。

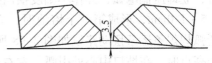

图3-95　立焊反变形用的取量

2. 定位焊

采用与焊接试件相同牌号的焊条，将装配好的试件在端部进行定位焊，并在试件反面两端定位焊，焊缝长度为10~15mm。始端可少焊些，终端应多焊一些，以防止在焊接过程中焊缝收缩造成未焊段坡口间隙变窄影响焊接。焊接参数见表3-22。

二、焊接

对接立焊是指对接接头在焊件处于立焊位置时的焊接，如图3-96所示。生产中常由下向上施焊。

在本任务中，由于焊件较厚，故采用多层焊。层数多少要根据焊件厚度决定。例如，本任务中焊接层数为四层，应注意每一层焊道的成形。如果焊道不平整，中间高、两侧很低，甚至形成尖角，则不仅会给清渣带来困难，而且会因焊缝形成不良而造成夹渣、未焊透等缺陷。焊接参数见表 3-22。装配定位好后将焊件安放在工位架上，如图 3-97 所示。

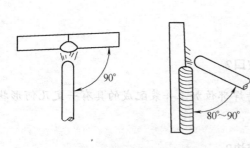

图 3-96　打底焊时焊条的角度

图 3-97　工位架上待焊的焊件

表 3-22　单面焊双面成形板对接立焊（酸性焊条）焊接参数

焊道分布	焊接层次	焊条直径/mm	焊接电流/A
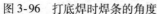	打底焊 1	φ3.2	95 ~ 105
	填充焊 2、3	φ3.2	90 ~ 100
	盖面焊 4	φ3.2	90 ~ 100

1. 打底焊

打底层焊道是正面第一层焊道，焊条角度如图 3-96 所示。焊接时应选用直径为 φ3.2mm 的焊条，采用断弧法焊接，并根据间隙大小灵活运用操作手法。

在定位焊起弧处引弧，先拉长断弧预热坡口根部。看到坡口两侧出现汗珠状熔化金属时，立即压低电弧，并作小幅度横向摆动。听到"噗噗"声，同时看到每侧坡口边各熔化 0.5 ~ 1.0mm，形成第一个熔池时，立即把电弧拉向坡口边一侧往下断弧，动作要果断。断弧焊焊条运条摆动路线如图 3-98 所示。透过目镜观察熔池液态金属逐渐变暗，只剩一个亮点时，在坡口中心处引弧，左右击穿，完成一个三角形运条动作后，再往下在坡口一侧断弧。这样反复操作，完成打底焊。

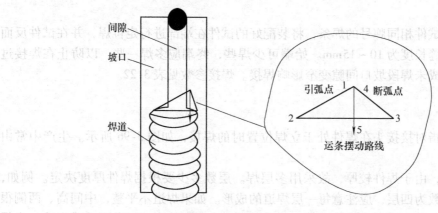

图 3-98　断弧焊焊条运条摆动路线

为使根部焊透,而背面又不致产生塌陷,这时在熔池上方要熔穿一个小孔,其直径应等于或稍大于焊条直径。立焊时熔孔可比平焊时稍大些,熔池表面呈水平椭圆形较好,如图 3-99 所示。如果运条到焊缝中间时不加快运条速度,熔化金属就会下淌,使焊缝外观不良。当焊缝中间运条速度过慢而造成熔化金属下淌后,形成凸形焊缝,如图 3-100 所示,会导致施焊下一层焊缝时产生未焊透和夹渣。

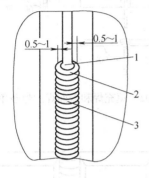

图 3-99 立焊时的熔孔
1—熔孔 2—熔池 3—焊道

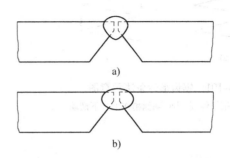

图 3-100 开坡口对接立焊的打底层焊道
a) 根部焊道不良 b) 根部焊道良好

 小知识

什么是焊条角度?

焊接时,焊件表面与焊条所形成的夹角称为焊条角度。

掌握好焊条角度是为了使熔化金属与熔渣很好地分离,防止熔渣超前现象,并能控制一定的熔深。立焊时还有防止熔化金属下坠的作用。

2. 填充焊

首先对打底焊缝仔细清查,应特别注意死角处的焊渣清理。焊缝接头过高部分处应打磨平整。焊条采用横向锯齿形运条法摆动,并做到“中间快,两边慢”,即焊条摆动到两侧坡口处要稍作停顿,以利于熔合及排渣,并防止焊缝两边产生死角,如图 3-101 所示。运条时,焊条与试件间的下倾角为 60°~70°,如图 3-102 所示。第二层填充层的焊接质量一方面要使各层焊道凹凸不平的成形在这一层得到调整,为焊好表面层打好基础;另一方面,这层焊道一般应低于焊件表面 1mm 左右,而且焊道中间应有些凹,以保证表层焊缝成形美观,如图 3-103 所示。焊接时还要注意不能破坏坡口的棱边。

3. 盖面焊

盖面层焊缝即多层焊的最外层焊缝,应满足焊缝外形尺寸的要求。施焊前应将前一层的焊渣和飞溅清除干净,运条方法可根据对焊缝余高的不同要求加以选择。如要求余高稍大时,焊条可作月牙形摆动;如要求稍平时,焊条可作锯齿形摆动。运条速度要均匀,摆动要有规律,如图 3-104 所示。运条到 a、b 两点时,应将电弧进一步缩短并稍作停留,这样才能有利于熔滴的过渡及防止咬边。从 a 点摆到 b 点时应稍快些,以防止产生焊瘤。有时候盖面焊也可采用较大电流,在运条时采用短弧,使焊条末端紧靠熔池快速摆动,并在坡口边缘稍作停留。这样盖面层焊缝不仅较薄,而且焊波较细,平整美观。

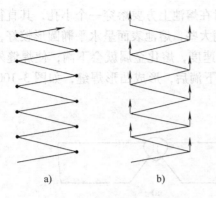

图 3-101　锯齿形运条法示意图
a）两侧稍作停顿　b）两侧稍作上、下摆动

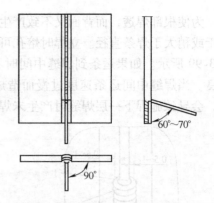

图 3-102　填充焊和盖面焊的焊条角度

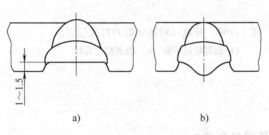

图 3-103　填充层焊道的外观
a）合格的焊道表面平整　b）焊道凸出太多

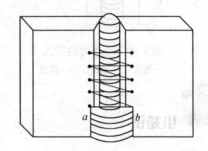

图 3-104　盖面焊的运条方法

　　盖面焊接头时要注意避免焊缝过高和脱节。引弧时一定要在坡口内引弧，避免在焊件表面有很多引弧痕迹。立焊收弧时方法比较简单，采用反复断弧收尾法即可。注意焊缝尾部要饱满，应无任何焊缝缺陷。

　　焊件焊后示意图如图 3-105 和图 3-106 所示。

图 3-105　立焊试件焊后正面

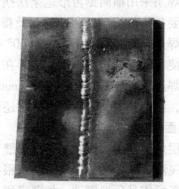

图 3-106　立焊试件焊后背面

检测与评价

　　单面焊双面成形板对接立焊（酸性焊条）的评分标准见表 3-23。

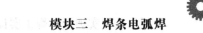

表 3-23　单面焊双面成形板对接立焊（酸性焊条）的评分标准

考核项目	考核内容	考核要求	配　分	评分要求
安全文明生产	能正确执行安全操作规程	按达到规定标准的程度评定	5	根据现场纪律，视违反规定的程度扣 1~5 分
	按有关文明生产的规定，做到工作地面整洁、工件和工具摆放整齐	按达到规定标准的程度评定	5	根据现场纪律，视违反规定的程度扣 1~5 分
主要项目	焊缝的外形尺寸	焊缝余高 0~4mm，余高差不大于 3mm。焊缝宽度比坡口每增宽 0.5~2.5mm，宽度差不大于 3mm	10	有一项不符合要求扣 3 分
		焊后角变形 0°~3°，焊缝的错位量不大于 1.0mm	10	焊后角变形大于 3°扣 3 分，焊缝的错位量大于 1.0mm 扣 2 分
	焊缝的外观质量	焊缝表面成形：波纹均匀，焊缝平直	10	视波纹不均匀、焊缝不平直的程度扣 1~10 分
		焊缝表面无气孔、夹渣、焊瘤、裂纹、未熔合	10	焊缝表面有气孔、夹渣、焊瘤、裂纹、未熔合其中一项扣 10 分
		焊缝咬边深度不大于 0.5mm，焊缝两侧咬边累计总长不超过焊缝有效长度范围内 26mm	10	焊缝两侧咬边累计总长每 5mm 扣 1 分，咬边深度大于 0.5mm 或累计总长大于 26mm 此项不得分
		未焊透深度不大于 1.5mm，总长不超过焊缝有效长度范围内的 26mm	10	未焊透累计总长每 5mm 扣 2 分，未焊透深度大于 1.5mm 或累计总长大于 26mm 此焊接按不及格论
		背面焊缝凹坑深度不大于 2mm，总长不超过焊缝有效长度范围内的 26mm	10	背面焊缝凹坑累计总长每 5mm 扣 2 分，凹坑深度大于 2mm 或累计总长大于 26mm，此项不得分
	焊缝的内部质量	按 GB/T 3323—2005《金属熔化焊焊接接头射线照相》对焊缝进行 X 射线检测	20	Ⅰ级片不扣分，Ⅱ级片扣 5 分，Ⅲ级片扣 10 分，Ⅳ级以下为不及格

想一想

1）单面焊双面成形板对接立焊时有哪些困难？

2）对接立焊时，断弧焊的操作要点有哪些？

3）运条时焊条的摆动幅度、摆动频率、焊条上移的速度对焊缝成形有何影响？

任务十一　单面焊双面成形板对接立焊（碱性焊条）

训练试件图

单面焊双面成形板对接立焊（碱性焊条）训练试件图如图 3-107 所示。

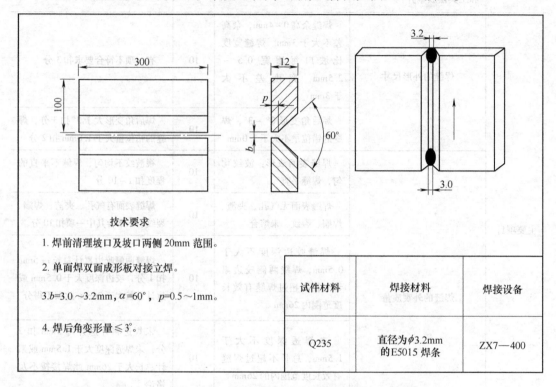

技术要求

1. 焊前清理坡口及坡口两侧 20mm 范围。

2. 单面焊双面成形板对接立焊。

3. $b=3.0\sim3.2mm$，$\alpha=60°$，$p=0.5\sim1mm$。

4. 焊后角变形量 ≤3°。

试件材料	焊接材料	焊接设备
Q235	直径为 $\phi3.2mm$ 的 E5015 焊条	ZX7—400

图 3-107　单面焊双面成形板对接立焊（碱性焊条）训练试件图

学习目标

本任务主要要求在学习过程中掌握碱性焊条焊条电弧焊的板对接立焊、单面焊双面成形的操作技巧和运条操作，能实现碱性焊条连弧焊接。

教学可以按照"知识讲解→教师演示→学生实操训练→教师巡回指导和评价"四个环节进行。

知识学习

立焊时的主要困难是熔池中的熔化金属和熔渣受重力的作用下坠，容易产生夹渣、焊瘤以及咬边等缺陷，使焊缝成形难以控制。因此，接头时更换焊条的动作要迅速，并采用热接法。热接法是指先用较长的电弧预热接头处，而后将焊条移至弧坑一侧，接着进行接头。立焊时，要控制好焊条角度，进行短弧焊接。立焊操作时，焊钳夹持焊条后，焊条与焊钳应成一直线，如图 3-108 所示。焊工的身体不要正对焊缝，要略偏向左侧，以使握焊钳的右手便于操作。在焊接过程中应注意每一层焊道的成形。如果焊道不平整，中间高、两侧很低，甚至形成尖角，则不仅会给清渣带来困难，而且会因焊缝成形不良而造成夹渣、未焊透等缺陷。

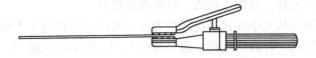

图 3-108　焊钳夹持焊条的形式

技能训练

一、试件装配及定位焊

1. 试件装配

用角向砂轮机将试板两侧坡口边缘 20~30mm 范围内的油、污、锈、垢清除干净，使之呈现出金属光泽，并在坡口处打磨出钝边，使钝边尺寸保持在 0.5~1.0mm。将打磨好的试板装配成始焊端间隙为 3.0mm、终焊端间隙为 3.2mm。定位焊接两试板，定位焊缝焊接质量要求与正式焊缝一样。错边量应不大于 1mm。立焊反变形量为 2°~3°，可如图 3-109 所示来预制反变形角度。

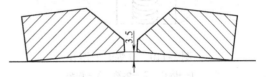

图 3-109　对接立焊反变形量的取量

2. 定位焊

选用 φ3.2mm 的焊条，将装配好的试件在端部进行定位焊，并在试件反面两端定位焊，焊缝长度为 10~15mm，焊接参数见表 3-24。始端可少焊些，终端应多焊一些，以防止在焊接过程中焊缝收缩造成未焊段坡口间隙变窄影响焊接。定位焊后将焊件装夹在焊接定位架上，始焊端处于下端，从下至上焊接。

二、焊接

焊缝共有四层，即第一层为打底焊，第二、三层为填充焊，第四层为盖面焊。焊接参数见表 3-24。

表 3-24　单面焊双面成形板对接立焊（碱性焊条）焊接参数

焊层分布	焊接层次	焊条直径/mm	焊接电流/A
	打底层 1	φ3.2	80~85
	填充层 2、3	φ3.2	105~125
	盖面层 4	φ3.2	105~115

1. 打底焊

打底焊时在始焊端定位焊处引燃电弧，先拉长电弧预热坡口根部，以锯齿形运条法向上作横向摆动，焊条的下倾角为 80°~90°。当电弧运动到定位焊点的上边缘时，焊条倾角相应变为90°，压低电弧，将电弧长度的2/3往焊缝背面送。待电弧击穿坡口两侧边缘并将其熔化2mm左右宽时，焊条作坡口两侧稍慢、中间稍快的锯齿形横向摆动连弧向上立焊。在焊接中应能始终听到电弧击穿坡口根部的"噗噗"声，看到熔化金属和熔渣均匀地流向坡口间隙的后方为好，说明已焊透，背面成形良好。

施焊中，熔孔的形状大小应比平焊时稍大些，为焊条直径的1.5倍为宜。熔孔的位置及大小如图3-110所示。若温度过高，则变为图3-111所示熔孔形状。正常焊接时，应保持熔孔的大小尺寸一致：过大易烧穿，背面形成焊瘤，而过小又易产生未焊透现象。同时还要注意在保证背面成形良好的前提下，焊接速度应稍快些。

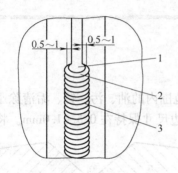

图3-110　立焊时的熔孔
1—熔孔　2—熔池　3—焊缝

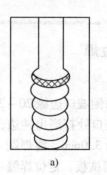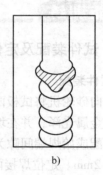

图3-111　熔孔的形状
a）正常熔孔　b）温度过高形成的熔孔

什么是短弧？

短弧即长度短于焊条直径的电弧。短弧焊接时，能充分利用电弧的吹力托住熔化的液态金属，缩短熔滴过渡到熔池中的距离，使熔滴能顺利到达熔池。

 注意：

在更换焊条时，应在弧坑下方15mm处引弧，以正常的锯齿形运条法摆动到弧坑的边缘时，一定要将焊条的倾角向上调整10°。

2. 填充焊

第二、三道焊缝为填充层的焊接。焊接参数见表3-24。焊条的下倾角为60°~70°，可采用月牙形或锯齿形运条法，尽量采用短弧焊接，如图3-112所示。当电弧运到坡口两侧，稍加停留，能给坡口两侧补足熔化金属，使坡口两侧熔合良好，能有利地防止坡口中间高、两低而产生夹渣、气孔等缺陷，并能使填充层表面平滑。施焊时应压低电弧，以均匀的速度向上运条，第三道焊缝应比试件表面低1.5mm左右，并保持坡口两侧边沿不被烧坏，给盖面焊打好基础。各焊层要认真清理焊渣、飞溅。

3. 盖面焊

盖面层焊缝即多层焊的最外层焊缝，应满足焊缝外形尺寸的要求。施焊前应将前一层的焊渣和飞溅清除干净，采用直径为φ3.2mm的焊条施焊，焊条的下倾角为60°~70°，焊接参数见表3-24。采用锯齿形或月牙形运条法。运条速度要均匀，摆动要有规律，如图3-113所示。运条到 a、b 两点时，应将电弧进一步缩短并稍作停留，并以能熔化坡口边缘2mm左右为准。同时还要做好稳弧挤压动作，使坡口两侧部位的杂质浮出焊缝表面，防止出现咬边，使焊缝金属与母材圆滑过渡，焊缝边缘整齐。从 a 摆动到 b 时，速度应快些，以防止产生焊瘤。更换焊条时，应做到在什么位置熄弧就在什么位置接头。终焊收尾时要填满弧坑。

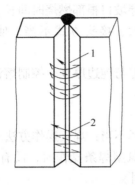

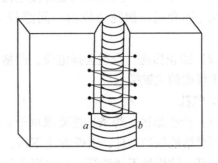

图3-112　常见填充焊运条方法　　　　　图3-113　盖面焊的运条方法
1—月牙形运条法　2—锯齿形运条法

三、焊条电弧焊单面焊双面成形中易产生的焊接缺陷及防止措施

焊条电弧焊单面焊双面成形中容易产生的焊接缺陷有未焊透、夹渣、焊瘤、缩孔、气孔、咬边以及焊缝成形不良等。

1. 未焊透

（1）产生原因　由于焊接规范选择不当或组对不合适而引起，如钝边太厚，焊接电流过小，错边量太大，焊条角度不当、偏心，运条时电弧燃烧时间过短，熔池温度低，使坡口根部没有形成合适的熔孔等。

（2）防止措施　严格控制坡口尺寸及装配组对的间隙、钝边厚度，选择合适的焊接电流、焊条角度与焊接速度，不使用偏心焊条。

2. 夹渣

（1）产生原因　主要是由于操作技术不良、焊接参数选择不合适，使熔池中的熔渣不能浮出而存在于焊缝金属中造成的。被焊区域未清理干净或焊条失效、施焊中药皮成块滴入熔池也能造成焊接夹渣等缺陷。

（2）防止措施　应选择合适的焊接电流、焊条角度、运条方式，利用电弧吹力使熔渣浮出表面，选用合格的焊条，并加强被焊母材焊前的清理工作。

3. 缩孔

（1）产生原因　主要是由于换焊条时熄弧方式不当、铁液供给不足、熔池不饱满以及接头操作不良而引起的。这种缺陷主要产生在打底焊层的接头位置上。

（2）防止措施　打底焊熄弧前应多向坡口熔孔处补加两三滴铁液，使熔池饱满。接头时，换焊条速度要快，在弧坑前15mm处将电弧引燃。

4. 咬边

（1）产生原因　主要由于焊接电流过大、电弧过长、操作者运条不当、焊条角度不合适等造成，在立焊、平焊两个位置的盖面焊时表现得尤为突出。

（2）防止措施　正确选择焊接参数，立焊时电弧在坡口两侧摆动停顿的时间要适宜，电弧要短，摆动要均匀，向上摆动的速度和间距要适中。

5. 焊瘤

（1）产生原因　主要原因是焊接电流大，电弧击穿坡口根部燃烧时间长，再加上组对试件尺寸不合适，如钝边较薄、间隙较大、熔孔过大、接头方式不当，使熔池温度过高等。

（2）防止措施　合理选择电流、严格控制组对间隙与钝边厚度、控制熔池的温度是防止产生焊瘤的关键措施。

6. 气孔

（1）产生原因　焊条未按要求烘干；焊条角度选择不当；焊接操作方法不良，造成电弧氛围对熔池保护不良；引弧方法不当，采用碱性低氢型焊条操作时，没有采用短弧焊，电弧过高；被焊处不清洁等，这些都是引起气孔的原因。

（2）防止措施　严格控制焊条烘干温度，并将焊条放在保温筒中随用随取；焊前要仔细清理被焊工件，使之露出金属光泽；采用短弧焊，选择合适的焊接参数；运条时焊条摆动要均匀；注意接头方法。

7. 焊缝成形不良

（1）产生原因　焊缝宽窄不一、余高过大或过小、表面忽高忽低、凹坑、焊瘤、脱节等现象，均属于焊缝成形不良。焊缝背面成形不良，主要是由于坡口两侧击穿的熔孔形状大小不一致，焊接速度过快或过慢并且不稳定。焊缝成形不良主要还是由于操作者焊接技术不熟练造成的。

（2）防止措施　打底焊时要保证坡口两侧的钝边处焊透击穿，所形成的熔孔形状大小应保持一致，熄弧、接头动作要正确，焊接速度要均匀。填充焊时必须保证两坡口的边缘棱线完好无损，并低于被焊母材表面 1 ~ 1.5mm，以利于盖面层的焊接。焊接电流要适中，运条时摆动范围要一致，保持短弧焊，焊条运动到坡口边缘要停顿，才能使焊缝成形美观、圆滑过渡。

检测与评价

单面焊双面成形板对接立焊（碱性焊条）的评分标准见表3-25。

表3-25　单面焊双面成形板对接立焊（碱性焊条）的评分标准

考核项目	考核内容	考核要求	配分	评分要求
安全文明生产	能正确执行安全操作规程	按达到规定标准的程度评定	5	根据现场纪律，视违反规定的程度扣1~5分
	按有关文明生产的规定，做到工作地面整洁、工件和工具摆放整齐	按达到规定标准的程度评定	5	根据现场纪律，视违反规定的程度扣1~5分

（续）

考核项目	考核内容	考核要求	配分	评分要求
主要项目	焊缝的外形尺寸	焊缝余高 0~4mm，焊缝两侧余高差不大于 3mm。焊缝宽度比坡口每增宽 0.5~2.5mm，宽度差不大于 3mm	10	有一项不合格要求扣 3 分
		焊后角变形 0°~3°，焊缝的错位量不大于 1.2mm	10	焊后角变形大于 3°扣 3 分，焊缝的错位量大于 1.2mm 扣 2 分
	焊缝的外观质量	焊缝表面成形：波纹均匀，焊缝平直	10	视波纹不均匀、焊缝不平直的程度扣 1~10 分
		焊缝表面无气孔、夹渣、焊瘤、裂纹、未熔合	10	焊缝表面有气孔、夹渣、焊瘤、裂纹、未熔合其中一项扣 10 分
		焊缝咬边深度不大于 0.5mm，焊缝两侧咬边累计总长不超过焊缝有效长度范围内的 26mm	10	焊缝两侧咬边累计总长每 5mm 扣 1 分，咬边深度大于 0.5mm 或累计总长大于 26mm 此项不得分
		未焊接深度不大于 1.5mm，总长不超过焊缝有效长度范围内的 26mm	10	未焊透累计总长每 5mm 扣 2 分，未焊透深度大于 1.5mm 或累计总长大于 26mm 此焊接按不及格论
		背面焊缝凹坑深度不大于 2mm，总长不超过焊缝有效长度范围内的 26mm	10	背面焊缝凹坑累计总长每 5mm 扣 2 分，凹坑深度大于 2mm 或累计总长大于 26mm 此项不得分
	焊缝的内部质量	按 GB/T 3323—2005《金属熔化焊焊接接头射线照相》对焊缝进行 X 射线检测	20	Ⅰ级片不扣分，Ⅱ级片扣 5 分，Ⅲ级片扣 10 分，Ⅳ级以下为不及格

想一想

1）打底焊时应注意哪些问题？

2）焊条电弧焊单面焊双面成形焊接操作中易产生哪些焊接缺陷？

任务十二　管子对接焊

训练试件图

管子对接焊训练试件图如图 3-114 所示。

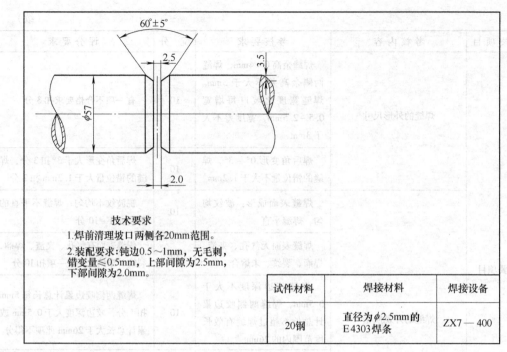

技术要求
1.焊前清理坡口两侧各20mm范围。
2.装配要求:钝边0.5～1mm,无毛刺,错变量≤0.5mm,上部间隙为2.5mm,下部间隙为2.0mm。

试件材料	焊接材料	焊接设备
20钢	直径为$\phi 2.5$mm的E4303焊条	ZX7－400

图3-114　管子对接焊训练试件图

学习目标

本任务主要要求在学习过程中,掌握焊条电弧焊的管子对接水平转动、水平固定和垂直固定焊的焊接方法,能够根据现场情况,通过调节焊接电流、电弧长度等焊接参数实现固定管子焊接。

教学可以按照"知识讲解→教师演示→学生实操训练→教师巡回指导和评价"四个环节进行。

知识学习

水平固定管的焊接包括仰、立、平三种位置的焊接,亦称为全位置焊。因为焊缝是环形的,所以焊接过程中要随焊缝位置的变化而相应调整焊条角度,才能保证正常焊接。

技能训练

一、水平固定管焊接

1. 坡口准备

每段管子长度为100～110mm。由于焊缝是环形的,焊条角度变化很大,如图3-115所示,故操作比较困难,应注意每个环节的操作要领。

在坡口附近20mm左右的区域,用砂纸或钢丝刷打光,直至露出金属光泽。组装时,管子轴线必须对正,内外壁要齐平,避免产生错口现象,如图3-116所示。焊接时,由于管子处于吊焊位置,一般先从管子底部起焊。考虑到焊接时焊缝冷却收缩不均,所以对于大直径管子,应使平焊位置的接口间隙大于仰焊位置的接口间隙0.5～2mm。接口间隙过大，焊接时容易烧穿面，形成焊瘤；间隙过小，会形成未焊透缺陷。如果对焊缝熔透要求不高，接口间隙可适当减小，以便于施焊。

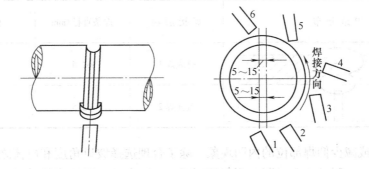

图 3-115　水平固定管焊接操作

2. 定位焊

定位焊时，一般以管径大小确定焊点数量。$\phi57$mm 钢管定位焊两处为宜，定位缝在水平或斜平位置上，如图 3-117 所示。定位焊缝长度一般为 15～30mm。定位焊时用直径为 $\phi2.5$mm 的焊条，焊接电流 70～80A。起焊处要有足够的温度，以防止粘合；收尾时弧坑要填满。要求高的管子要严格控制定位焊质量，定位焊缝的两端用扁锉、角向砂轮机打出缓坡，以保证接头焊透。当发现定位焊缝的两端有凹陷、未焊透、裂纹等缺陷时，应铲除缺陷后重新定位焊。

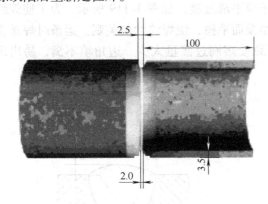

图 3-116　水平固定管的组装

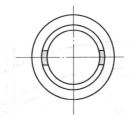

图 3-117　水平固定管定位焊示意图

3. 焊接

水平固定管焊接常从管子底部的仰焊位置开始，分半焊接。先焊的一半叫前半部，后焊的一半叫后半部。两半部焊接都按照仰—立—平的顺序进行。这样操作有利于熔化金属与熔渣很好地分离，焊缝成形容易控制。水平固定管焊接参数见表 3-26。

（1）打底焊　用直径 $\phi2.5$mm 的焊条，在前半部仰焊的坡口边上用直击法引弧后，将电弧引至坡口间隙中，用长弧烤热起焊处，坡口两侧接近熔化状态（即金属表面有"汗珠"）时，立即压低电弧并往上顶，形成第二个熔池，如此反复一直向前移动焊条。当发现熔池温度过高、熔化金属有下淌的趋势时，采取断弧方法。待熔池稍有变暗，即重新引弧，引弧部位应在熔池前面。

表 3-26 水平固定管焊接参数

焊道分布	焊接层次	焊条直径/mm	焊接电流/A
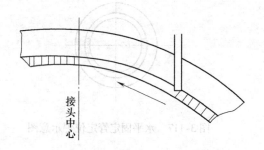	打底焊1	φ2.5	70~80
	盖面焊2	φ2.5	70~80

为了消除或减少仰焊部位的内凹现象，除了合理选择坡口角度和电流之外，引弧动作要准确和稳定，灭弧动作要果断，要保持短弧，电弧在坡口两侧停留时间不宜过长。

从下向上焊接，操作位置在不断变化，焊条角度必须相应变化。到了平焊位置，易在背面产生焊瘤。在平焊位置操作时，电弧不能在熔池的前半部多停留，焊条可以幅度不大地横向摆动，这样也可使背面有较好的成形。

爬坡焊时要采用顶弧焊，即将焊条前倾，并稍作横向摆动，如图 3-118 所示。当距接头处 3~5mm 即将封闭时，绝不可以灭弧。接头封闭时，应把焊条向里压一下，这时可以听到电弧击穿焊缝根部的"噗噗"声。焊条在接头处来回摆动，以保证充分熔合，填满弧坑后引弧到坡口的一侧熄弧。当与定位焊缝相接时，也需用上述方法接头。

（2）盖面焊 焊好盖面焊层不单是为了焊缝美观，也为了保证焊缝质量，如应防止产生严重的咬边、焊缝过高或不足，焊缝与管子应平滑过渡，如图 3-119 所示。为了使焊缝中间高一些，运条方法可采用月牙形，摆动稍慢而平稳，使焊波均匀美观。运条时焊条在焊缝两侧要有足够的停留时间，摆动太快可致使熔滴过渡量太少、边角填不满，易出现咬边。

图 3-118 平焊位置接头用顶弧焊法

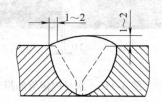

图 3-119 管子焊缝盖面层的要求

二、管子水平转动的焊接

对于管段、法兰等可拆的、重量不大的焊件，可以应用转动焊接法。

1. 装配及定位焊

装配及定位焊方法与水平固定管焊接相似，最好不采取在坡口内直接定位的方式，而用钢筋或适当尺寸的小钢板在管子外壁进行定位焊。为便于装配，可选用一根 60mm ×

60mm×400mm 的角钢（可用槽钢），将角钢按船形位置固定在焊接平台上，如图 3-120 所示。把钢管放置在 90°角钢中间，两坡口端对齐，进行定位焊。

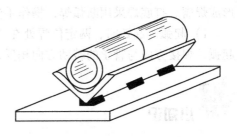

图 3-120　管子对接试件装配胎具

管子坡口按要求进行组对后，可以在坡口根部定位焊，一般以管径大小确定定位焊数量。φ57mm 的钢管定位焊以两处为宜，两焊点间隔 120°，定位焊缝位于管道截面上相当于"10 点钟"和"2 点钟"的位置，如图 3-121 所示。定位焊缝长度不大于 10mm。

2. 焊接

转动管子施焊，如图 3-122 所示。为了使根部容易焊透，一般在立焊部位焊接。为保证坡口两侧充分熔合，运条时可作适当横向摆动。由于管件可以转动，焊条不作向前运条。

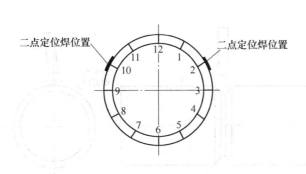

图 3-121　定位焊缝位置

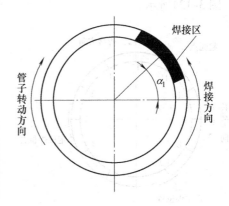

图 3-122　转动管子施焊

管子水平转动焊接参数见表 3-27。

表 3-27　管子水平转动焊接参数

焊道分布	焊接层次	焊条直径/mm	焊接电流/A
	打底焊 1	φ2.5	70～80
	盖面焊 2	φ2.5	70～80

焊接水平转动管的关键问题是焊条的位置。在焊接厚壁管时，焊条应该在管子的上部，与管子旋转方向相反。

（1）打底焊　打底焊道为单面焊双面成形，既要保证坡口根部焊透，又要防止烧穿或形成焊瘤。打底焊采用断弧焊，操作手法与钢板平焊基本相同。焊接参数见表3-27。

1）起弧。起弧时，两定位焊处在"3点"和"7点"的位置。在"10点"位置开始起弧，焊接方向与管子的转动方向相反，如图3-123所示。

小知识

打底焊时可能出现哪些问题？

1）焊缝高出管子外壁表面，两边缘处有咬口、夹渣。

2）管子底部易焊穿，或未焊透及焊瘤等缺陷。

3）管子上部平焊处易焊穿或出现焊缝较低的现象。

因此应保持正确的焊条角度，电流不可太大，短弧操作。

2）焊接。从管道截面上近"10点"的位置起弧后，进行爬坡焊，如图3-123所示。每焊完一根焊条可以转动一次管子，或焊到"12点"位置时转动一次。焊条角度如图3-124所示。

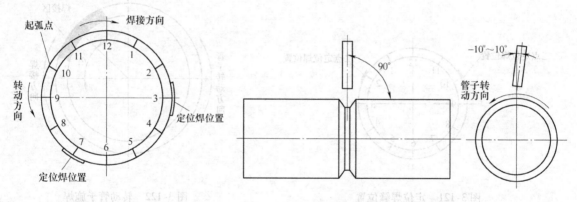

图3-123　起焊点位置　　　　　　　　　　图3-124　焊条角度

用左手将管子按逆时针方向转一个角度，将熄弧处转到"10点"位置，再进行焊接。如此不断重复上述过程，直到焊完整圈打底焊缝。

（2）盖面焊　盖面焊应采用连弧焊进行焊接。施焊前应将打底层的熔渣、飞溅清理干净。焊条直径$\phi 2.5$mm，见表3-27。焊条角度与打底焊相同。其他注意事项与板对接平焊时相同。其余操作步骤和要求同打底焊，但焊条应水平横向摆动。

三、垂直固定管焊接

垂直固定管焊接操作示意图如图3-125所示。

1. 装配及定位焊

按照管壁厚度选择坡口形式，加工成形。组装时，若两管直径不等，产生错口，可将直径较小的管子置于下方，使沿圆周方向的错口大小均匀，避免错口偏于一侧。错口较大时，根部不可能焊透，会引起应力集中，从而导致焊缝根部破裂。错口大于2mm时，应经加工使内径相同。只有管子断面垂直于管子轴线组装时，才便于确定错口大小，才能保

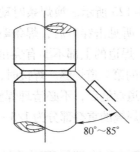

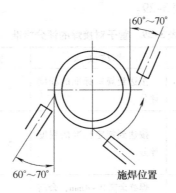

图 3-125　垂直固定管焊接操作示意图

证接口对正。定位焊的方法与水平固定管焊接时相同。

2. 焊接

垂直固定管的焊接为两层三道焊，即第一层为打底层，第二、三层为盖面层。垂直固定管焊接参数见表 3-28。

表 3-28　垂直固定管焊接参数

焊道分布	焊接层次	焊条直径/mm	焊接电流/A
	打底焊 1	ϕ2.5	70 ~ 80
	盖面焊 2、3	ϕ2.5	70 ~ 80

打底焊时，先选定始焊处，用直击法在坡口内引弧，拉长电弧预热坡口。待坡口两侧接近熔化温度，压低电弧形成熔池，随后采用直线形或斜齿形运条法向前移动。运条时，

焊条有两个倾斜角度，如图3-125所示。换焊条时动作要快，当焊缝还未冷却时，再次引燃电弧。焊一圈回到始焊处，听见击穿声后，焊条略加摆动，填满弧坑后收弧。打底层焊道的位置在坡口正中略偏下，焊道的上部不要有尖角。

焊接盖面层时，先焊下面的第二道焊缝。焊接时，焊条对准坡口下边缘，焊条角度随管的角度变化而变化。焊完第二道焊缝后，不必清理焊渣，接着焊接第三道焊缝。焊接时，焊条对准坡口上边缘，并保证两焊缝的重叠部分为1/3～1/2，且整条焊道应圆滑过渡。

检测与评价

管子对接焊的评分标准见表3-29。

表3-29　管子对接焊的评分标准

考核项目	考核内容	考核要求	分值	评分标准
安全文明生产	能正确执行安全操作规程	按达到规定标准的程度评分	5	根据现场纪律，视违反规定的程度扣1～5分
	按有关文明生产的规定，做到工作地面整洁、工件和工具摆放整齐	按达到规定标准的程度评分	5	根据现场纪律，视违反规定的程度扣1～5分
主要项目	焊缝的外形尺寸	焊缝余高0～4mm，余高差不大于3mm。焊缝宽度比坡口每增宽0.5～2.5mm，宽度差不大于3mm	10	有一项不符合要求扣2分，凸、凹度不符合要求扣3分，焊脚尺寸不符合要求扣7分
		焊后角变形不大于1°，焊缝错边量不大于0.5mm	10	焊后角变形大于1°扣6分，焊缝的错变量大于0.5mm扣4分
	通球检验	通球直径为φ42mm	10	通球检验不合格，此项不得分
	焊缝的外观质量	焊缝表面无气孔、夹渣、焊瘤、裂纹、未熔合	10	焊缝表面有气孔、夹渣、焊瘤、裂纹、未熔合其中一项扣10分
		焊缝咬边深度不大于0.5mm，焊缝两侧咬边累计总长不超过焊缝有效长度范围内的18mm	10	焊缝两侧咬边累计总长每5mm扣1分，咬边深度大于0.5mm或累计总长大于18mm此项不得分
		焊缝表面成形：波纹均匀、焊缝平直	10	视焊缝平直、焊波均匀的程度扣1～10分
		背面焊缝凹坑深度不大于1mm，总长度不超过焊缝有效长度范围内10mm	10	背面焊缝凹坑累计总长每5mm扣2分，凹坑深度大于1mm或累计总长大于10mm，此项不得分
	焊缝的内部质量	按GB/T 3323-2005《金属熔化焊焊接接头射线照相》对焊缝进行X射线检验	20	Ⅰ级片不扣分，Ⅱ级片扣5分，Ⅲ级片扣10分，Ⅳ以下不及格

想一想

1）水平固定管焊接的装配和定位焊的要求。

2）水平固定管的焊接顺序。

3）水平固定管接头处的操作方法。

4）如何进行管子水平转动的焊接？

气焊与气割

任务一　气焊与气割设备、工具的使用与调节

学习目标

通过本任务的学习，掌握手工气焊与气割设备的组成、压力表的使用等知识；通过实际技能训练，掌握基本的蹲坐、握焊炬及火焰的点燃、调节和熄灭等相关的操作技巧和应注意的问题。教师可以对知识进行简单的讲解，重点在于指导学生的操作训练。

教学可以采取"知识讲解→教师演示→学生实操训练→教师巡回指导和评价"四个环节进行。

知识学习

一、气焊与气割设备、工具的介绍及使用

气焊与气割设备主要由氧气瓶、氧气减压器、乙炔瓶、乙炔减压器、回火保险器、焊炬和割炬、胶管等组成，如图4-1所示。半自动气割设备还包括气割小车。此外，气焊和气割时还有一些辅助器具与防护用具。

1. 氧气瓶

氧气瓶（图4-2）是储存和运输高压氧气的容器。瓶内氧气压力一般为15MPa，它主要由瓶体、瓶帽、瓶阀、防震圈及底座等构成。氧气瓶瓶体外表涂天蓝色，并标注黑色"氧气"字样。瓶阀是控制瓶内氧气进出的阀门。使用时，如将手轮逆时针方向旋转，则可开启瓶阀；顺时针旋转则关闭瓶阀。开启氧气瓶阀时，不要面对出气口和减压器，以防伤人。

2. 乙炔瓶

乙炔瓶（图4-3）是一种储存和运输乙炔的压力容器，瓶内气体压力一般为1.5MPa。其外形与氧气瓶相似，比氧气瓶矮，但略粗一些，主要由瓶体、瓶阀、瓶内浸满丙酮的多

孔性填料等组成。乙炔瓶瓶体是由低合金钢板经轧制焊接制造的。外表涂成白色，并标注红色"乙炔不可近火"等字样。

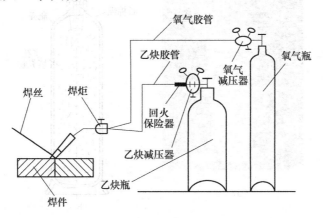

图 4-1 气焊与气割设备示意图

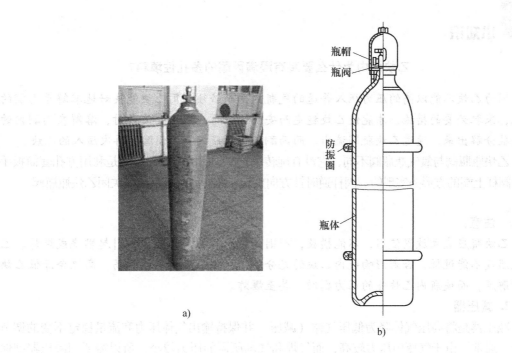

a)

图 4-2 氧气瓶

a）实物图 b）示意图

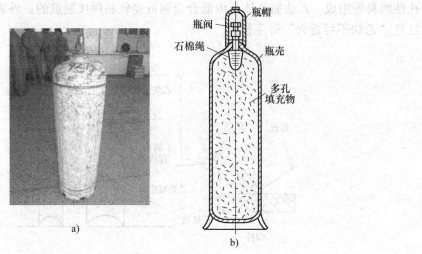

图 4-3 乙炔瓶

a）实物图 b）示意图

 **小知识**

乙炔瓶内为什么要装有浸满丙酮的多孔性填料？

因为乙炔不能以高的压力压入普通的气瓶内，而必须利用乙炔能良好地溶解于丙酮的特性，采取必要的措施，才能使乙炔稳定而安全地储存在瓶中。使用时，溶解在丙酮内的乙炔就分解出来，通过乙炔瓶阀流出。而丙酮仍留在瓶内，以便溶解再次压入的乙炔。

乙炔瓶瓶阀与氧气瓶瓶阀不同，它没有旋转手轮，阀门的开启和关闭是利用方孔套筒扳手转动阀杆上端的方形头实现的。阀杆逆时针方向旋转，瓶阀开启；反之，关闭乙炔瓶瓶阀。

 注意：

乙炔瓶应直立放置使用，不能横放，否则会使瓶内的丙酮流出，引起燃烧或爆炸。乙炔瓶温度不能过低，否则影响瓶内乙炔的充分使用；但温度也不能过高，高温会降低乙炔的溶解度，而使瓶内乙炔气的压力剧增，甚至爆炸。

3. 减压器

减压器是将高压气体降为低压气体（减压）并保持输出气体压力和流量稳定不变的调节装置。通常，由于气瓶内压力较高，而气焊和气割所需的压力较小，所以需要用减压器把储存在气瓶内较高压力的气体降为低压气体，并应保证所需工作压力自始至终保持稳定状态。

减压器按用途不同可分为氧气减压器和乙炔减压器，二者不能相互混用。乙炔减压器压力表表盘上的红线刻度表示最大许可工作压力，使用时应严格控制。

4. 焊炬与割炬

焊炬与割炬是进行气焊与气割的主要工具，又称焊枪与割枪。它是使可燃气体与氧气按一定比例混合燃烧形成稳定火焰的工具。按可燃气体与氧气混合的方式不同，焊炬割炬分为等压式与射吸式两种。射吸式是目前国内应用最广的一种形式，可适用于低压乙炔和中压乙炔，适用范围广。使用广泛的焊炬是 H01—6 型射吸式焊炬，如图 4-4 所示。

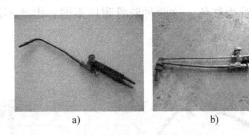

图 4-4 焊炬和割炬实物图
a) 焊炬 b) 割炬

　　焊炬与割炬的乙炔调节阀和氧气调节阀均为逆时针开启，顺时针方向关闭。常用焊炬型号有 H01—2、H01—6、H01—12 等多种，H 表示焊炬，0 表示手工，1 表示射吸式（2 表示等压式），2、6、12 等表示可焊接的最大厚度（mm）。常用割炬型号有 G01—30、G01—100、G01—300，G 表示割炬，0 表示手工，1 表示射吸式，30、100、300 等表示可气割的最大厚度（mm）。

5. 回火保险器

　　安装回火保险器（图 4-5）的目的是防止回火。一般回火火焰进入焊炬或割炬内就会熄灭，但当氧气压力过高或乙炔压力过低时，回火火焰就会向乙炔胶管迅速蔓延，引起乙炔瓶爆炸。为了避免引起乙炔瓶爆炸事故，乙炔减压器出口可安装回火保险器，防止回火。回火保险器一般安装在减压器的出口，目前国内使用的回火保险器有水封式和干式两种。

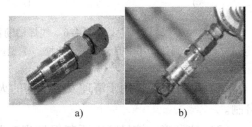

图 4-5 回火保险器实物图

　　发生回火时应该立即关闭乙炔瓶和氧气瓶阀门，检查和分析发生回火的原因，采取一定的措施来消除发生回火的原因，然后重新点火。

 **小知识**

什么是回火？回火的主要原因有哪些？

　　回火指气体火焰进入喷嘴逆向燃烧的现象。回火有逆火和回烧两种。逆火指火焰向喷嘴孔逆行，并瞬时自行熄灭，同时伴有爆鸣的现象，也称爆鸣回火。回烧指火焰向喷嘴孔逆行，并继续向混合室和气体管路燃烧的现象。这种回火可能烧毁焊（割）炬、管路及引起可燃气体储罐的爆炸，也称倒袭回火。

　　发生回火的原因：1）焊嘴堵塞，2）焊炬与焊嘴过热，3）焊嘴离工件太近，4）乙炔胶管打折或气路漏气等。

6. 胶管

　　胶管主要连接气瓶和焊炬或割炬，并把氧气瓶和乙炔瓶中的气体输送到焊炬或割炬。

根据 GB/T 2550—2007《气体焊接设备 焊接、切割和类似作业用橡胶软管》规定，气焊中氧气胶管为蓝色，乙炔胶管为红色。这两种胶管耐压不同，因此不能互换，更不可以用其他胶管代替。

7. 辅助器具与防护用具

辅助器具与防护用具如图 4-6 所示。

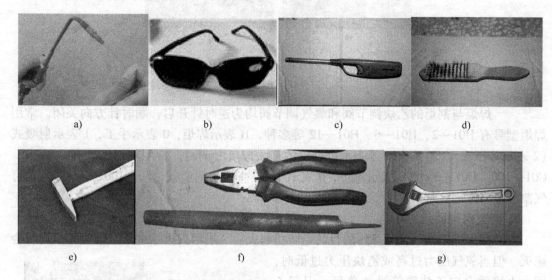

图 4-6　气焊辅助器具与防护用具实物图

a）通针　b）护目镜　c）点火枪　d）钢丝刷　e）锤子　f）钢丝钳、扁锉　g）活动扳手

（1）通针　通针用于清理发生堵塞的火焰孔道。一般由焊工用钢性好的钢丝或黄铜丝自制。

（2）护目镜　护目镜主要起保护焊工眼睛不受火焰亮光的刺伤及遮挡金属飞溅的作用，其次用来观察溶池的情况。焊接时根据被焊材料的性质和操作者的视力，选择颜色深浅合适的护目镜。

（3）点火枪　专用的点火枪最安全。若用火柴点火时，应把划着的火柴从焊嘴后面送到焊嘴上，以防烧伤手。

（4）钢丝刷、锤子、锉刀等　其主要用来清理焊缝。

（5）钢丝钳、活动扳手　其主要用来连接和启闭气体通路。

此外，还有其他防护用具，如工作服、手套、工作鞋、护脚布等。

二、压力表的使用

压力表（图 4-7）按使用介质分有氧气压力表、乙炔压力表等。氧气压力表和乙炔压力表在气焊和气割过程中具有重要的安全防护作用。氧气压力表和乙炔压力表能否正确显示氧气压力和乙炔压力，对保护设备和人身安全至关重要。

氧气压力表安装在氧气减压器上，一只高压表，一只低压表，如图 4-7 所示。高压表显示氧气瓶内的压力，低压表显示减压器低压气室内的压力，即显示气焊或气割时氧气的工作压力。气焊和气割时，为了保证焊接和切割质量、设备和人身安全，必须正确调节氧气和乙炔工作压力。如果氧气压力表和乙炔压力表值不准或失灵，就可能会因氧气压力过高或过低、乙炔压力过低或过高引起回火，发生爆炸事故。因此气焊或气割前，操作人员在调节氧气和乙炔的工作压力时，可通过观察减压器上高低压表的示值来判断减压器是否发生上述故障。

图4-7　乙炔压力表和氧气压力表实物图

a）氧气压力表　b）乙炔压力表

三、火焰的调节

氧与乙炔混合燃烧所形成的火焰称为氧乙炔焰，是气焊和气割中主要采用的火焰。正确调整和选用火焰对保证焊接和切割质量非常重要。通过调节氧气阀门和乙炔阀门，可改变氧气和乙炔的混合比例，得到三种不同的火焰：中性焰、氧化焰和碳化焰。其外形和构造如图4-8所示。

氧乙炔焰的调节包括火焰性质的调节和火焰能率的调节。

1. 火焰性质的调节

开始点燃的火焰多为碳化焰，然后根据所用材料的不同进行调节。如要调成中性焰，则应逐渐增加氧气的供给量，使火焰由长变短，颜色由淡红色变为蓝白色，直至焰心及外焰的轮廓特别清楚，内焰与外焰没有明显的界线时，即为中性焰。如果继续增加氧气或减小乙炔的供给量，就得到氧化焰；反之增加乙炔或减少氧气的供给量，即可得到碳化焰。

图4-8　氧乙炔焰

a）中性焰　b）碳化焰　c）氧化焰
1—焰心　2—内焰（暗红色）
3—内焰（淡白色）　4—外焰

2. 火焰能率的调节

火焰能率主要取决于焊件的厚度，厚板选择较大的火焰能率，薄板选择较小的火焰能率。火焰能率可通过选择不同的焊炬及焊嘴型号来调节。另外，通过同时调节氧气和乙炔的流量大小，可得到不同的火焰能率。调节的方法是：若减小火焰能率，应先减少氧气流量，后减少乙炔流量；若增大火焰能率，应先增加乙炔流量，后增加氧气流量。

气焊过程中，由于多种原因，会引起火焰性质的不稳定，所以要随时注意观察火焰性质的变化，并及时调节。

技能训练

一、操作要点

气焊的基本操作有操作前的准备、焊炬的握法、火焰的点燃、火焰的调节、火焰的熄灭等几个步骤。

1. 操作前的准备

（1）检查 检查乙炔瓶、氧气瓶、胶管接头、阀门的紧固件应紧固牢靠，不准有松动、破烂和漏气。氧气瓶及其附件、胶管、工具上禁止粘油。氧气瓶、乙炔管有漏气、老化、龟裂等，禁止使用。管内应保持清洁，禁止有杂物。

（2）连接 将乙炔减压器与乙炔瓶阀、氧气减压器与氧气瓶阀、氧气胶管与氧气减压器、乙炔胶管与乙炔减压器、氧气胶管与焊炬、乙炔胶管与焊炬等均可靠地连接。

2. 焊炬的握法

气焊操作时，一般右手持焊炬，将拇指位于乙炔开关处，食指位于氧气开关处，以便于随时调节气体流量。用其他三指握住焊炬柄，左手拿焊丝。

 **小知识**

气焊操作安全

1）气焊场地要远离易燃易爆物品；与氧气瓶和乙炔瓶的距离不得小于10m，且氧气瓶和乙炔瓶之间的距离不得小于5m，环境温度不得高于30℃。

2）气焊操作前，要穿戴整齐，戴好防护眼镜。

3）气焊操作时要精力集中，遵守操作规程，不能嬉戏打闹，要注意防止烫伤，遇有异常情况要及时报告。

4）工作结束后，要整理好工具和物品后方可离开。

3. 火焰的点燃

点火时先逆时针微开氧气瓶阀门，然后逆时针打开乙炔瓶阀门，用明火（可用电子枪或火柴等）点燃火焰。点火时可能连续出现"放炮"声，原因是乙炔不纯，应先放出不纯乙炔，然后重新点火；有时出现不易点火现象，原因是氧气量过大，这时应重新微关氧气瓶阀门。点火时，拿火源的手不要正对焊嘴，也不要将焊炬指向他人，以防烧伤。

4. 火焰的调节

按照上述火焰调节方法进行火焰调节。

5. 火焰的熄灭

焊接完毕或中途停止需熄火时，应顺时针方向旋转乙炔瓶阀门，先关乙炔，再顺时针方向旋转氧气瓶阀门关闭氧气，以免发生回火并可减少烟尘。关闭阀门时不漏气即可，不要关得太紧，以防磨损太快减少阀门的使用寿命。

二、注意事项

1. 使用前必须检查其射吸情况

先将氧气胶管紧接在氧气接头上，使焊炬接通氧气。此时先开启乙炔瓶调节阀手轮，再开启氧气瓶调节阀手轮，用手指按在乙炔接头上。如果手指感到有一股吸力，则表明射吸作用正常；如果没有吸力，甚至氧气从乙炔接头中倒流出来，则说明没有射吸能力，必须进行修理，否则严禁使用。

2. 焊炬射吸检查正常后，把乙炔胶管也接在乙炔接头上

一般要求氧气进气接头必须与氧气胶管连接牢固，即用卡箍或退火的铁丝拧紧。而乙炔进气接头与乙炔胶管应避免连接太紧，以不漏气并容易插上和容易拔下为准。同时应检查其他气体通道、各气体调节阀处和焊嘴处是否正常和漏气。

3. 点火

点火时应把氧气瓶调节阀稍微打开，然后打开乙炔瓶调节阀。点火后应立即调整火焰，使火焰达到正常形状。如果火焰形状不正常或有灭火现象，应检查是否漏气或管路堵塞，并进行修理。点火时也可以先打开乙炔瓶调节阀，点燃乙炔并冒烟灰，此时立即打开氧气瓶调节阀调节火焰。这种点火方法可避免点火时的鸣爆现象，而且在送氧后一旦发生回火便可立即关闭氧气，防止回火爆炸。这种点火方法还能较容易地发现焊炬是否堵塞等毛病，其缺点是稍有烟灰影响卫生，但有利于安全操作。

4. 关闭阀门

停止使用时，应先关闭乙炔瓶调节阀，然后关闭氧气瓶调节阀，以防止火焰倒袭和产生烟灰。在使用过程中若发生回火，应迅速关闭乙炔瓶调节阀，同时关闭氧气瓶调节阀。等回火熄灭后，再打开氧气瓶调节阀，吹除残留在焊炬内的余焰和烟灰，并将焊炬的手柄前部放在水中冷却。

5. 使用中的检查

在使用过程中，如发现气体通路或阀门有漏气现象，应立即停止工作，消除漏气后，才能继续使用。

6. 对焊炬的要求

焊炬各气体通路均不得沾染油脂，以防氧气遇到油脂而燃烧爆炸。再者，焊嘴的配合面不能碰伤，以防止因漏气而影响使用。

焊炬停止使用后应挂在适当的场合，或拆下胶管将焊炬存放在工具箱内，严禁将带气源的焊炬存放在工具箱内。

检测与评价

教师考核时可参照以下几项打分。

1）点火的姿势是否正确。

2）点火的成功次数和熟练程度。

3）关闭焊枪开关的松紧程度。

4）是否有黑烟和"放炮"。

想一想

1）气焊与气割设备主要由哪几部分构成？

2）什么是氧乙炔焰？氧乙炔焰有哪几种？如何调节火焰？

3）如何检查射吸式焊（割）炬的射吸性能？

4）试述焊炬、割炬在使用中发生回火时的处理方法。

5）说明下列符号的含义。

H01—2、H01—6、H01—12、G01—30、G01—100、G01—300

任务二　平 敷 气 焊

训练试件图

平敷气焊训练试件图如图4-9所示。

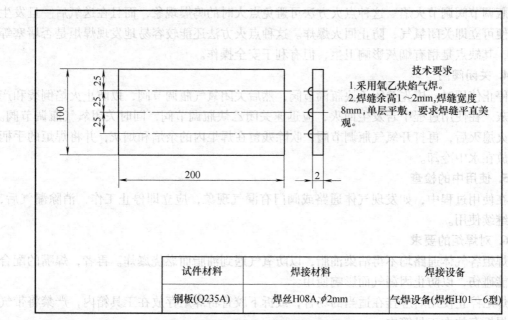

试件材料	焊接材料	焊接设备
钢板(Q235A)	焊丝H08A,ϕ2mm	气焊设备(焊炬H01—6型)

图4-9　平敷气焊训练试件图

学习目标

通过本任务知识的学习，学生应掌握气焊的基本操作方法，即焊道的起头、焊炬和焊丝的运动、焊道的接头和收尾等方法。通过实际技能训练，学生应进一步掌握双手运炬和送丝的协调统一等操作技巧，在练习时学会观察与操作过程的有机结合与协调统一，同时掌握平敷气焊中应注意的问题。教师可以对知识进行简单的讲解，然后进行操作示范，再指导学生练习。

教学可以按照"知识讲解→教师演示→学生实操训练→教师巡回指导和评价"四个环节进行。

知识学习

平敷焊是指被焊工件及其焊缝的空间位置处于水平放置状态时，对工件表面进行堆敷焊道的焊接方法。这是一种最基本的操作方法，初学者一般应从平敷焊开始练习。通过平敷焊的练习，焊工能熟练掌握气焊中的各种基本动作，能选用相应的焊接参数，也能熟悉各种气焊工具和辅助用具的使用方法，为以后的操作打下坚实的基础。其基本操作包括焊道的起头、焊炬和焊丝的运动、焊道的接头和收尾等。

技能训练

一、试件清理与装配

1. 焊前清理

用角向砂轮机或半圆锉、纱布把焊丝和焊件表面的油、锈、氧化皮等污物清理干净，使焊件露出金属光泽。

2. 焊件装配

将焊件放置在工位上，保持焊件处于平焊位置。

3. 划线

用粉笔在焊件表面划平行线，间隔25mm为宜。

4. 气焊设备和工具的安装

二、焊接

采用中性焰、左焊法焊接，按表4-1调节焊接参数。

表4-1　平敷气焊焊接参数

焊炬型号、焊嘴型号	氧气工作压力	乙炔工作压力	焊炬摆动方式	火焰能率		火焰性质	焊道层数
H01—6 2号焊嘴	0.2～0.3MPa	0.001～0.1MPa	直线形、小锯齿或月牙形	直线形	适中	中性焰	单层
				小锯齿或月牙形	稍大		

1. 焊道的起头

气焊时通常采用中性焰、左焊法（图4-10）。焊道起头时，焊件的温度很低，这时焊炬的倾斜角度应大些（50°～70°），对准焊件始端进行预热，同时焊炬作往复移动，尽量使起焊处加热均匀。在第一个熔池未形成前，要仔细观察熔池的形成，同时将焊丝端部置于火焰中进行预热。当焊件由红色熔化成白亮而形成清晰的熔池时，便可熔化焊丝。将焊丝熔滴滴入熔池，熔合后立即抬起焊丝，火焰向前移动形成新的熔池。左焊法时焊炬与焊丝端头的位置如图4-11所示。

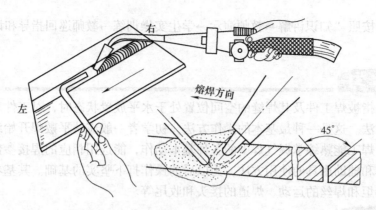

图 4-10　左焊法

2. 焊炬和焊丝的运动

在焊接过程中，为了获得优质而美观的焊缝，焊炬与焊丝应作均匀协调的摆动。均匀协调的摆动既能使焊缝金属熔透、熔匀，又避免了焊缝金属的过热和过烧。在焊接某些非铁金属时，还要不断地用焊丝搅动熔池，以促使熔池中各种氧化物及有害气体的排出。

焊炬和焊丝的运动包括三个动作：两者沿焊缝作纵向移动，不断地熔化焊件和焊丝而形成焊缝；焊炬沿焊缝作横向摆动，充分加热焊件，利用混合气体的冲击力搅拌熔池，使熔渣浮出；焊丝在垂直方向送进，并作上下跳动，以控制熔池热量和给送填充金属。焊炬和焊丝的摆动方法和幅度视焊件材料、焊缝的位置、接头形式及板厚而定，焊炬的摆动方法如图 4-12 所示。

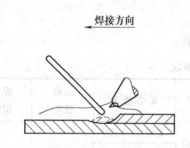

图 4-11　左焊法时焊炬与焊丝端头的位置

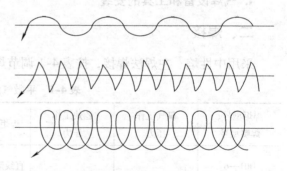

图 4-12　焊炬的摆动方法

3. 焊道的接头

焊接中途停止，在停止处重新焊接时和原焊缝重叠的部分叫做接头。接头时，应将火焰移向原熔池的上方对原熔池周围进行充分加热，使已经冷却的熔池及附近的焊缝金属重新熔化。当形成新的熔池后再填入焊丝，开始续焊。续焊位置应与前焊道重叠 5～10mm，重叠焊道可不加或少加焊丝，以保证焊缝的余高及圆滑过渡。

4. 焊道的收尾

当焊到终点时，由于焊件端部散热条件差、温度较高，应减小焊炬的倾角，同时加快焊接速度并多加一些焊丝，以防熔池扩大而烧穿。为防止收尾时空气侵入熔池，应用温度较低的外焰保护熔池，直至熔池填满，才可使火焰缓慢离开熔池。

在焊接过程中，焊炬倾角是不断变化的。在预热阶段，为了较快加热焊件，焊炬倾角为50°～70°；在正常焊接阶段，焊炬倾角通常为30°～50°；在焊接结尾阶段，焊炬倾角为20°～30°，如图4-13所示。为防止空气进入熔池，可用外焰加以保护。随着熔池的凝固，保护火焰缓慢离开收尾处。

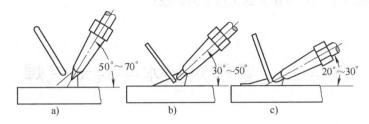

图4-13　焊炬倾角在焊接中的变化

a）预热阶段　b）正常焊接阶段　c）结尾阶段

三、注意事项

1）在焊件上作平行多焊道练习时，注意焊道间隔。

2）在练习中，要注意焊炬和焊丝的协调，以使焊道成形整齐美观。

3）焊缝边缘和母材间要圆滑过渡。

4）左焊法练习达到要求后，可进行右焊法的练习。

检测与评价

平敷气焊的评分标准见表4-2。

表4-2　平敷气焊评分标准

考核项目	考核内容	考核要求	配分	评分要求
安全文明生产	能正确执行安全操作规程	按达到规定标准的程度评定	5	根据现场纪律，视违反规定的程度扣1～5分
	按有关文明生产的规定，做到工作地面整洁，工件和工具摆放整齐	按达到规定标准的程度评定	5	根据现场纪律，视违反规定的程度扣1～5分
主要项目	焊缝的外形尺寸	焊缝余高1～2mm	15	超差0.5mm扣2分
		焊缝的余高差0～1mm	15	超差0.5mm扣2分
	焊缝的外观质量	焊缝表面无气孔、夹渣、焊瘤	15	焊缝表面有气孔、夹渣、焊瘤其中一项扣5分
		焊缝表面无咬边	15	咬边深度不大于0.5mm，长度每2mm扣1分，咬边深度大于0.5mm此项不得分
		背面焊缝无凹坑	15	凹坑深度不大于2mm，长度每5mm扣2分，凹坑深度大于2mm扣5分
		焊缝表面成形；焊波均匀，焊缝平直	15	视焊波不均匀、焊缝不平直的程度扣1～15分

想一想

1）在气焊过程中，焊炬倾角是怎样变化的？

2）在气焊过程中，焊炬和焊丝有哪几个运动动作？

3）什么是接头？气焊时接头部位应如何处理？

任务三　管子对接水平转动气焊

训练试件图

管子对接水平转动气焊训练试件图如图4-14所示。

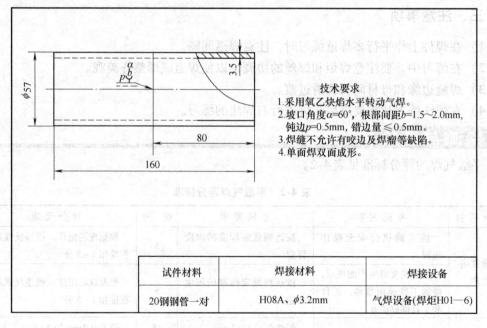

技术要求

1. 采用氧乙炔焰水平转动气焊。
2. 坡口角度 $\alpha=60°$，根部间距 $b=1.5\sim2.0$mm，钝边 $p=0.5$mm，错边量 $\leqslant0.5$mm。
3. 焊缝不允许有咬边及焊瘤等缺陷。
4. 单面焊双面成形。

试件材料	焊接材料	焊接设备
20钢钢管一对	H08A、$\phi3.2$mm	气焊设备(焊炬H01—6)

图4-14　管子对接水平转动气焊训练试件图

学习目标

通过本任务的学习，学生应掌握开坡口管子气焊的要领，了解定位焊质量的保证措施。通过操作练习，学生应掌握管子对接水平转动气焊的施焊方法和技巧。

教学可以按照"知识讲解→教师演示→学生实操训练→教师巡回指导和评价"四个环节进行。

知识学习

钢管的气焊一般采用对接接头，应用比较广泛。管子的用途不同，对焊缝的要求也不同。对于一般用途而不要求承受较大工作压力的管子，对焊接接头只要求不漏即可。对于比较重要的管子，焊接接头应保证工作压力要求。壁厚不大于 2.5mm 时，不开坡口就能保证焊透，完全可以满足焊接要求；当壁厚大于 2.5mm 时，为保证将焊缝全部焊透，需开坡口进行焊接。管子的坡口形式及尺寸见表 4-3。

表 4-3　管子的坡口形式及尺寸

管壁厚度/mm	坡口形式	坡口角度	钝边/mm	间隙/mm
≤2.5	—	—	—	1~1.5
2.5~6	V 形	60°~90°	0.5~1.5	1~2
6~10	V 形	60°~90°	1~2	2~2.5
≥10	V 形	60°~90°	2~3	2~3

管子对接水平转动气焊时，由于管子可以转动，因此始终可以控制在方便的位置上施焊，即在上爬坡或水平位置上施焊，管子焊接位置分布如图 4-15 所示。薄壁管（管壁厚度小于 2mm 时）最好处于水平位置施焊。对于管壁较厚和开有坡口的管子，则应采用上爬焊，而不应处于水平位置焊接。因为管壁较厚，填充金属多，加热时间长，如果熔池处于水平位置，不易得到较大熔深，也不利于焊缝金属的增高，焊缝成形也不好。当焊接直径为 φ200~φ300mm 的管子时，为防止变形，应采用对称焊法。

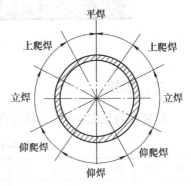

图 4-15　管子焊接位置分布

技能训练

一、试件清理及装配、定位焊

1. 加工坡口

熟悉图样，将两管的接缝处加工成带钝边的 V 形坡口，钝边厚度 0.5mm。

2. 焊前清理

用角向砂轮机或半圆锉、砂布把坡口周围 20mm 范围内内外铁锈、油污、氧化皮等清理干净，如图 4-16 所示。

图 4-16　管子对接水平转动气焊试件清理实物图

3. 管件装配、定位焊

在 V 形块上进行装配，装配间隙为始端 2mm、终端 2.5mm，定位焊两点，相隔 120°，定位焊缝长 5~8mm。将管子置于水平位置转动定位焊，如图 4-17 所示（一般直径不大于 φ70mm 的管子只需定位焊两处；若管子直径较大，需沿管子周围多处定位焊，定位焊缝的多少和长短视具体情况而定）。

图 4-17　管子对接水平转动气焊试件装配实物图

二、焊接

焊接参数见表 4-4，焊接操作如图 4-18 所示。

表 4-4　管子对接水平转动气焊焊接参数

焊　炬	焊　嘴	火　焰	角　　度		焊接方向
H01—6	3#	中性焰	焊炬与管上任意一焊接点切线方向的夹角	30°~40°	左焊法爬坡焊
			焊炬与焊丝夹角	90°~100°	

整体接头可分两层焊完。

1. 打底焊

起焊点应在两定位焊点的中间位置，并与两定位焊点相隔约 120°，采用左焊法爬坡焊。焊嘴与管子表面焊点的切线方向之间的夹角为 30°~40° 左右，火焰焰心末端距熔池 3~5mm。施焊时，应先将焊件进行预热，当看到坡口钝边熔化并形成熔池时，立即把焊丝送入熔池前沿，使之熔化填充熔池。在整个施焊过程中，火焰应始终笼罩着熔池末端，以免熔化金属被氧化。

图 4-18　管子对接水平转动气焊焊接实物图

熔池要控制在与管子水平中心线成 50°~70° 的夹角范围内，如图 4-19 所示。这样有利于控制熔池形状，使接头均匀熔透，加大熔深，同时可使填充金属熔滴自然流向熔池底部，使焊缝成形快，且有利于控制焊缝的高度。每次焊接结束时要填满熔池，以免出现气孔、凹坑等缺陷。如采用右焊法，火焰指向已熔化的金属部分。为防止熔化金属被火焰吹成焊瘤，熔池要控制在与管子垂直中心线 10°~30° 夹角范围内施焊，如图 4-20 所示。

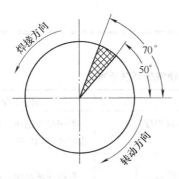

图 4-19 左焊法爬坡焊操作方法

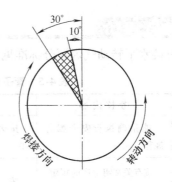

图 4-20 右焊法爬坡焊操作方法

2. 盖面焊

焊炬的喷嘴、焊丝与焊件间的夹角同打底焊。焊接时，焊炬要作适当的横向摆动。但火焰能率应略小些，以使焊缝成形美观。

焊接时，焊丝要始终浸在熔池中，来回作半圆形摆动。焊炬应摆动前移，以便将熔池中的氧化物和非金属夹杂物排出。

3. 接头

焊缝接头时，应用火焰把熔池和接近熔池的地方重新熔化，形成熔池后即可加入焊丝。注意每次的接头应与前焊缝重叠 8 ~ 10mm。

4. 收尾

收尾时应减小焊炬与试件之间的夹角，同时加快焊接速度，并多加入一些焊丝，以防熔池扩大形成烧穿。收尾时应在钢管环缝接头处熔化后，方可使火焰慢慢离开熔池。

5. 焊接结束

操作结束后，先关闭乙炔瓶调节阀，再关闭氧气瓶调节阀，最后关闭氧气减压器等，清除试件表面的飞溅，如图 4-21 所示。

在整个气焊过程中，每一层焊缝要一次焊完，各层的起焊点应互相错开约 20 ~ 30mm。每次焊接收尾时，要填充弧坑，使火焰慢慢离开熔池，以免出现气孔、夹渣等缺陷。

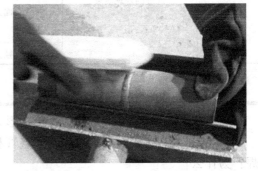

图 4-21 管子对接水平转动气焊焊缝实物图

三、注意事项

1）定位焊采用与正式焊接相同的焊丝和稍大一点的火焰；焊点的起头和结尾要圆滑过渡，焊点的表面高度不能高于焊件厚度的 1/2 位置；定位焊必须焊透，不允许出现未熔合、气孔、裂纹等缺陷。

2）焊接管子时不允许将管壁烧穿，否则会增加管内液体或气体的流动阻力。

3）焊缝处不允许有粗大焊瘤。

4）焊缝两侧不允许有过深的咬边。

检测与评价

管子对接水平转动气焊评分标准见表4-5。

表4-5 管子对接水平转动气焊评分标准

考核项目	考核内容	考核要求	配分	评分要求
安全文明生产	能正确执行安全操作规程	按达到规定标准的程度评定	10	根据现场纪律，视违反规定的程度扣1~10分
	按有关文明生产的规定，做到工作地面整洁、工件和工具摆放整齐	按达到规定标准的程度评定	10	根据现场纪律，视违反规定的程度扣1~10分
主要项目	焊缝的外形尺寸	焊缝余高0~2mm	10	超差0.5mm扣2分
		正面焊缝的余高差0~1mm	10	超差0.5mm扣2分
		焊缝每侧增宽0.5~2.5mm	10	超差0.5mm扣2分
		焊缝宽度差0~1mm	10	超差0.5mm扣2分
		焊接接头脱节小于2mm	10	超差0.5mm扣2分
	焊缝的外观质量	焊缝表面无气孔、夹渣、焊瘤	10	焊缝表面有气孔、夹渣、焊瘤其中一项扣10分
		焊缝表面无咬边	10	咬边深度不大于0.5mm，长度每2mm扣1分；咬边深度大于0.5mm，每长2mm扣2分
		通球直径为ϕ42mm	10	通球检验不合格此项不得分

想一想

1）气焊管子时，一般采用何种接头形式？

2）管子对接水平转动气焊时，薄壁管和厚壁管（或开坡口管子）各置于什么位置施焊？为什么？

3）管子对接水平转动气焊时，采用左焊法和右焊法时熔池分别要控制在什么位置？

任务四 气 割

训练试件图

气割训练试件图如图4-22所示。

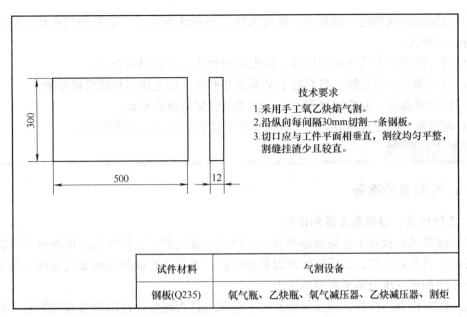

技术要求
1. 采用手工氧乙炔焰气割。
2. 沿纵向每间隔30mm切割一条钢板。
3. 切口应与工件平面相垂直，割纹均匀平整，割缝挂渣少且较直。

试件材料	气割设备
钢板(Q235)	氧气瓶、乙炔瓶、氧气减压器、乙炔减压器、割炬

图4-22 气割训练试件图

学习目标

通过本任务的学习，学生应掌握手工气割钢材的方法和技巧。通过技能操作练习，学生应掌握手工气割基本操作技术（如起割、气割过程和停割等），并掌握手工气割的注意事项。

教学可以按照"知识讲解→教师演示→学生实操训练→教师巡回指导和评价"四个环节进行。

知识学习

气割的操作工作顺序如下。

 小知识

各种不同零件的气割顺序

先直线，后曲线；先边缘，后中间，割完一片再一片；先小块，后大块，板上带孔最后开；丁字缝，先上底，后垂直；直缝上面开小槽，先直缝，后开槽；遇到圆弧缝，圆弧未割之前圆心不能动。

正确的气割顺序是以尽量减少气割的变形、维护操作者的安全、气割时以操作者顺手等为原则来考虑的。

1）在同一割件上，既有直线又有曲线时，则先切割直线后切割曲线。

2）在同一割件上，既有边缘切割线，又有内部切割线时，则先切割边缘切割线后切割中间切割线。

3）由割线围成的同一图形中，既有大块又有小块和孔时，应先切割小块，后切割大块，最后切割孔。

4）同一割件上有垂直形切口时，应先切割底边，后切割垂直边。

5）同一割件上有直缝，且直缝上又需要开槽时，则先切割直缝后切割槽。

6）切割圆弧时，先确定好圆中心，切割时应保持圆心不动。

7）割件断开的位置最后切割，此时操作者应特别小心，注意安全。

技能训练

一、气割前的准备

1. 工作场地、设备及工具的检查

气割前要认真检查工作场地是否符合安全生产和气割工艺的要求，检查整个气割系统的设备和工具是否正常，然后将气割设备连接好，再开启乙炔瓶阀和氧气瓶阀，调节减压器，将乙炔和氧气压力调至需要的压力。

使用前需检查乙炔瓶、回火保险器的工作状态是否正常。使用射吸式割炬时，应将乙炔胶管拔下，检查割炬是否有射吸能力，若无射吸能力则不得使用。

2. 工件的清理与放置

把工件切口处的污垢、油漆、氧化皮去除干净，根据要求在割件上用石笔划好割线作为切割标记，留出切口余量，并平放好，如图4-23所示。

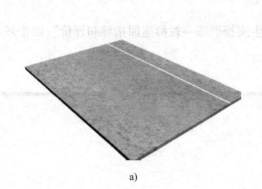

a)　　　　　　　　　　　　　　　　　　　b)

图 4-23　气割前的准备

a）切割标记　b）割件放置

放置时工件应垫平、垫高，距离地面一定高度，切口下面要悬空，以有利于熔渣吹除。工件下的地面应为非水泥地面，以防水泥爆溅伤人、烧毁地面，否则应在水泥地面上遮盖石棉板等，如图4-23b所示。

二、切割

根据工件的厚度正确选择气割参数、割炬和割嘴规格等，见表4-6。

表4-6 手工气割参数

割件厚度/mm	割炬型号	割嘴型号	氧气压力/MPa	乙炔压力/MPa	乙炔消耗量/L·h⁻¹
12	G01—30	3	0.3~0.5	0.01~0.1	310

1. 点火操作

（1）操作姿势 气割姿势多种多样，每个人根据自己的习惯和切割工件的不同，可采用不同的姿势。但无论采用哪一种姿势，都要有利于切口质量。在保证切口质量的前提下，尽量使操作者舒服一些。初学者可按基本的"抱切法"练习，如图4-24所示。手势如图4-25和图4-26所示。

图4-24 抱切法姿势图

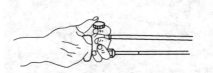

图4-25 气割时的手势示意图

操作时，双脚成八字形蹲在割件的一旁，右臂靠在右膝盖上，左臂悬空在两脚中间，以便在切割时移动。右手握住割炬手把，用右手大拇指和食指把住下面的预热氧气调节阀，以便随时调节预热火焰（一旦发生回火，能及时切断氧气）。左手拇指和食指把住切割氧气调节阀开关，其余三指则平稳地托住割炬混合室，双手进行配合，掌握切割方向，如图4-26所示。

（2）点火及火焰调节 点火前，先逆时针微开氧气阀，再按逆时针方向旋转乙炔开关，放出乙炔。两种气体在割炬内混合后，从割嘴中喷

图4-26 气割手势实物图

出，此时用点火枪或火柴点火（点燃时，拿火源的手不要对准割嘴，也不要将割嘴指向他人或可燃物，以防发生事故）。开始点火时的火焰多冒黑烟，火焰是碳化焰，此时应逐渐开大氧气阀，增加氧气供给量，直至火焰内焰和外焰没有明显界限时，火焰才是中性焰。切割时应使用中性焰，氧化焰及碳化焰均不宜使用（因为会使切口失去棱角或增碳，并影响到风线的清晰程度，进而影响切割质量）。

火焰调节好后，打开割炬上的切割氧气调节阀，并增大氧气流量。观察切割氧气流的形状，风线应呈笔直清晰的圆柱体，并要有适当的长度，这样才能使切口表面光滑干净、宽窄一致。如风线形状不规则，应关闭所有的阀门，用通针修理割嘴内表面，使之光洁。

2. 气割

（1）起割　由右向左切割，如图4-27所示。开始切割时，首先用预热火焰将工件边缘预热，待呈亮红色时（即达到燃烧温度），再慢慢开启切割氧气调节阀。看到铁液被氧气流吹掉时，再加大切割氧气流。待听到工件下面发出"噗噗"的声音时，则说明已被割透。这时应按工件的厚度，灵活掌握气割速度，沿着割线向前切割。

（2）气割过程　气割时火焰焰心与割件表面的距离为3～5mm，如图4-28所示。切割过程中割嘴应沿气割方向后倾20°～30°，并使割嘴与工件表面间的距离保持均匀一致，以保证切口宽窄一致，同时保持一定切割速度。割嘴与工件表面间的距离主要根据割件厚度确定，见表4-7。

图4-27　切割方向示意图

图4-28　火焰焰心与割件表面的距离

表4-7　割嘴与工件表面间的距离

板厚/mm	3～5	6～12	12～14	42～80	80～100
割嘴与工件表面间的距离/mm	4～5	5～7	7～9	8～12	10～14

切割长缝时，应在每切割300～500mm切口后，及时移动操作位置。气割过程中，上身不能弯得太低，要注意平稳地呼吸，操作者的眼睛要始终注视割嘴和切割线的相对位置，以保证切口平直。注意割透及后拖量的大小，如图4-29所示。整个气割过程中，割炬运行速度要均匀，割炬与工件间的距离应保持不变。每割一段移动身体时，要暂时关闭切割氧气调节阀。

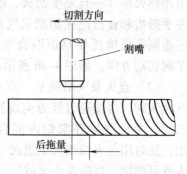

图4-29　气割后拖量示意图

什么是后拖量?

后拖量指在氧气切割过程中，在同一条割纹上沿切割方向两点间的最大距离。

（3）停割　气割要结束时，割嘴应向气割方向后倾一定角度，如图4-30所示。使割件下部先割穿，并注意余料下落的位置，然后将割件全部割断，使收尾切口平整。气割结束后，先关闭切割氧气调节阀，抬高割炬，再关闭乙炔调节阀，最后关闭预热氧气调节阀。

3. 收工

切割工作完工时，应关闭氧气与乙炔瓶阀，松开减压阀调压螺钉，放出胶管内的余气。卸下减压阀，收起割炬及胶管，清扫场地。切口如图 4-31 所示。

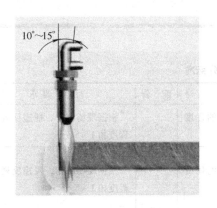

图 4-30　气割结束时割嘴后倾角度

图 4-31　切口示意图

三、气割安全注意事项

1）每个氧气减压器和乙炔减压器上只允许接一把焊炬或一把割炬。

2）必须分清氧气胶管和乙炔胶管，GB/T 2550—2007《气体焊接设备　焊接、切割和类似作业用橡胶软管》中规定，氧气胶管为蓝色，乙炔胶管为红色。新胶管使用前应将管内杂质和灰尘吹尽，以免堵塞割嘴，影响气流流通。

3）氧气胶管和乙炔胶管如果横跨通道和轨道，应从它们下面穿过（必要时加保护套管）或吊在空中。

4）氧气瓶集中存放的地方，10m 之内不允许有明火，更不得有弧焊电缆从瓶下通过。

5）气割操作前应检查气路是否有漏气现象。检查割嘴有无堵塞现象，必要时用通针修理割嘴。

6）气割工必须穿戴规定的工作服、手套和护目镜。

7）点火时可先供给适量乙炔，后供给少量氧气，以避免产生丝状黑烟。点火严禁用烟蒂，以免烧伤手。

8）气割储存过油类等介质的旧容器时，注意打开孔盖，保持通风。在气割前作必要的清理处理，如清洗、空气吹干，化验缸内气体是否处于爆炸极限之内，同时做好防火、防爆以及救护工作。

9）在容器内作业时，严防气路漏气；暂时停止工作时，应将割炬置于容器外，以防止漏气发生爆炸、火灾等事故。

10）气割过程中，发生回火时，应先关闭乙炔阀，再关闭氧气阀。因为氧气压力较高，回火到氧气管内的现象极少发生，绝大多数回火是向乙炔管方向蔓延。只有先关闭乙炔阀，切断可燃气源，再关闭氧气阀，回火才会很快熄灭。

11）气割结束后，应将氧气瓶和乙炔瓶阀关紧，再将减压器调节螺钉拧松。冬季工作后应注意将回火保险器内的水放掉。

12）工作时，氧气瓶、乙炔瓶间距应在3m以上。

13）气割时，注意垫平、垫稳钢板等，避免工件割下时钢板突然倾斜，伤人以及碰坏割嘴。

检测与评价

气割评分标准见表4-8。

表4-8　气割评分标准

考核项目	考核内容	考核要求	配分	评分要求
安全文明生产	能正确执行安全操作规程	按达到规定标准的程度评定	5	根据现场纪律，视违反规定的程度扣1~5分
	按有关文明生产的规定，做到工作地面整洁，工件和工具摆放整齐	按达到规定标准的程度评定	5	根据现场纪律，视违反规定的程度扣1~5分
主要项目	切口的断面	上边缘塌边宽度不大于1mm	15	上边缘塌边宽度每超差1mm扣2分，塌边宽度大于2mm扣10分
		表面无刻槽	15	视情况扣1~10分
		割面垂直度不大于2mm	15	割面垂直度大于2mm扣10分
		割面平面度不大于1mm	15	割面平面度大于1mm扣10分
	切口外部形状	切口不能太宽	10	视情况扣1~10分
		无变形	10	视情况扣1~10分
		无裂纹	10	视情况扣1~10分

想一想

1）气割的操作工作顺序有哪些？

2）气割时工件为什么要垫平？为什么不能在水泥地面上进行气割？

3）什么是后拖量？

模块五 CO₂气体保护焊

任务一 CO₂气体保护焊设备、工具的使用及焊接参数的调节

学习目标

通过本任务的学习，学生应能够掌握 CO_2 气体保护焊设备的组成、安装，二次接线知识；熟悉 CO_2 半自动焊焊机的使用方法；掌握焊接参数的选择及调节方法。

教学可以按照"知识讲解→教师演示→学生实操训练→教师巡回指导和评价"四个环节进行。

知识学习

一、CO₂气体保护焊设备的简单介绍

CO_2 气体保护焊是利用 CO_2 作为保护气体的熔化电极电弧焊方法。这种方法以 CO_2 气体作为保护介质，使电弧及熔池与周围空气隔离，可以防止空气中的氧、氮、氢对熔滴和熔池金属的有害作用，从而获得优良的机械保护性能。生产中一般是利用专用的焊枪，形成足够的 CO_2 气体保护层，依靠焊丝与焊件之间的电弧热，进行自动或半自动熔化电极气体保护焊接。

CO_2 气体保护焊分为自动焊和半自动焊，其基本原理相同，只不过在自动焊设备中多一套焊枪与焊机相对运动的传动机构。在实际生产中，CO_2 气体保护焊主要由焊接电源、供气系统、控制系统、送丝机构、自动或半自动焊枪等组成，有的还有循环水冷系统。图 5-1 所示为 CO_2 气体保护焊设备组成示意图。

1. 焊接电源

焊接电源是提供 CO_2 气体保护焊焊接能量的装置，如图 5-2 所示。目前，焊接电源大都选用逆变式直流电源，焊接时一般采用反极性接法（因为使用交流电源焊接时电弧不稳定），用平外特性焊机或缓降外特性焊机，只有在粗丝 CO_2 气体保护焊中选用陡降外特性焊机。

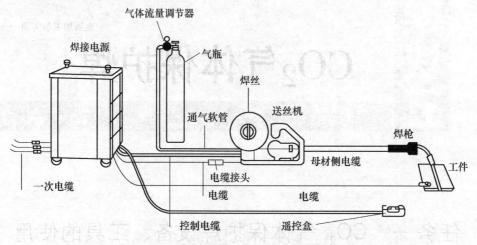

图 5-1　CO_2 气体保护焊设备组成示意图

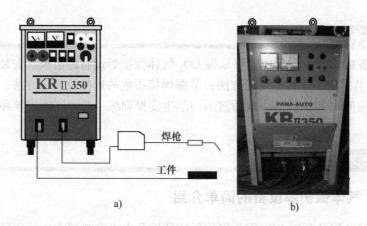

a)　　　　　　　　　　　　b)

图 5-2　CO_2 气体保护焊焊接电源

a) 示意图　b) 实物图

2. 送丝机构（送丝机）

送丝机构是驱动焊丝向焊枪输送的装置，如图 5-3 所示。CO_2 气体保护焊的焊接质量不仅与焊接电源的性能有关，而且取决于送丝机构的稳定性和可靠性。送丝机构一般由送丝电动机、减速装置、送丝滚轮和压紧机构等组成。CO_2 半自动焊采用等速送丝。常见送丝方式有推丝式、拉丝式、推拉丝式，如图 5-4 所示。

3. 焊枪

焊枪是输送焊丝、馈送电流和保护气直接用于完成焊接工作的工具。半自动焊枪一般采用推丝式和拉丝式，也是常见的通用焊枪，用量很大，由专业厂家配套生产，如图 5-5 所示。推拉丝式焊枪输送不同材质的焊丝，要用不同的送丝套管。自动焊枪多见于专用焊机上（一般为焊接小车）。

图 5-3　CO$_2$ 气体保护焊送丝机构

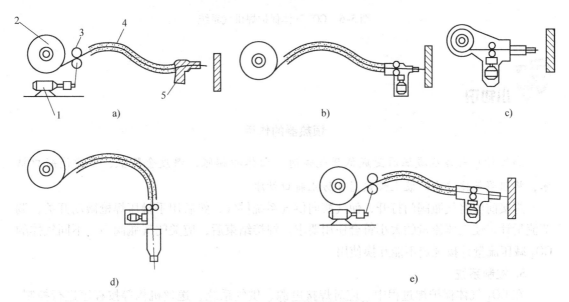

图 5-4　CO$_2$ 气体保护焊送丝机构

a）推丝式　b）、c）、d）拉丝式　e）推拉丝式

1—电动机　2—焊丝盘　3—送丝滚轮　4—送丝软管　5—焊枪

4. 供气系统

供气系统在焊接时能提供流量稳定的保护气，如图 5-6 所示。其由气瓶（铝白色）、预热器、减压器、流量计、气管和电磁气阀组成，必要时可加装干燥器。流量计是用来调节和测量保护气流量的。减压器是将气瓶中高压 CO$_2$ 气体压力降低，并保证输出气体压力稳定。预热器可防止瓶口结冰。通常将预热器、减压器、流量计作为一体，叫做 CO$_2$ 减压流量计（通常属于焊机的标准随机配备）。

图 5-5　CO$_2$ 气体保护焊焊枪实物图

图 5-6　CO_2 气体保护焊供气系统

预热器的作用

高压 CO_2 气体经减压器变成低压气体时，因体积膨胀，温度会降低，可能使瓶口结冰，将阻碍气体流出。装上预热器可防止瓶口结冰。

焊接前应将气瓶阀门打开，使气瓶向供气系统供气，然后用手触压焊枪微动开关，调节流量计，使气体流量的大小符合使用要求。焊接结束后，应关闭气瓶阀门。不同气体的 CO_2 减压流量计按规定不能互换使用。

5. 控制系统

在 CO_2 气体保护焊过程中，应对焊接电源、供气系统、送丝机构等按程序进行控制。其主要用途是控制焊丝的自动送进、提前送气、滞后停气、引弧、电流通断、电流衰减、冷却水流的通断等。对于自动焊机，还要控制小车或其他机构的行走。一般在半自动情况下，控制箱大多放置在电源箱内；在自动情况下，控制箱往往独立放置。

二、焊接设备二次线的连接和焊接设备的使用

1. CO_2 气体保护焊焊接设备二次线的连接

CO_2 气体保护焊焊接设备二次线的连接如图 5-7 所示，具体接线操作步骤及要求如下。

按焊接电源所规定的输入电压、相数、频率，确保其与电网相符再接入配电盘上→接好电源接地线→焊接电源输出端负极与母材连接→焊接电源输出端正极与焊枪供电部分连接→连接控制箱→连接送丝机构控制电缆→安装 CO_2 气体减压流量计并将出气口与送丝机构的气管连接→将 CO_2 减压流量计上的电源插头（预热作用）插入焊机的专用插座上→焊丝送丝机构与焊枪连接。

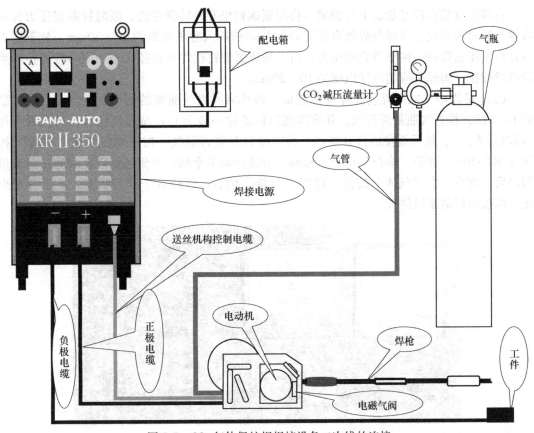

图 5-7　CO₂ 气体保护焊焊接设备二次线的连接

2. 焊接设备的使用

　　设备的使用操作步骤主要包括：装焊丝，安装 CO₂ 减压流量计并调整流量，选择焊机的工作方式，焊机工作和焊接参数调节等。

　　（1）装焊丝　送丝机如图 5-8 所示。按下述步骤装焊丝，如图 5-9 所示。

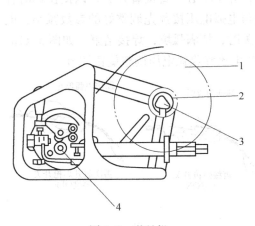

图 5-8　送丝机

1—焊丝盘　2—焊丝盘轴　3—锁紧螺母　4—送丝轮

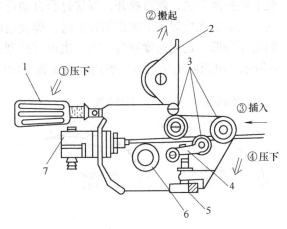

图 5-9　装焊丝步骤

1—压紧螺钉　2—压力臂　3—矫直轮　4—活动矫正臂
5—矫正调整螺钉　6—送丝轮　7—焊枪电缆插座

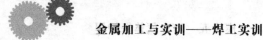

将焊丝盘装在焊丝盘轴上并锁紧→将压紧螺钉松开并转到左边，顺时针翻起压力臂→将焊丝通过矫直轮，并经与焊丝直径对应的 V 形槽插入导管电缆约 $20 \sim 30mm$→放下压力臂并拧紧压紧螺钉→调整矫直轮压力，矫直轮压紧螺钉视焊丝直径大小加压→按遥控器手动送丝按钮，焊丝头应超过导电嘴端 $10 \sim 20mm$。

（2）安装 CO_2 减压流量计并调整流量 操作者站在气瓶嘴的侧面，缓慢开、闭气瓶阀 $1 \sim 2$ 次，检查气瓶是否有气，并吹净瓶口的脏物→装上 CO_2 减压流量计，并拧紧螺母（顺时针方向），然后缓慢地打开瓶阀，检查接口处是否漏气→按下焊机面板"气体"按钮（图5-10），置于"检查"位置，慢慢拧开流量调节手柄，至流量符合要求为止→流量调好后，再按一次"气体"按钮，置于"焊接"位置，气路处于准备状态，一旦开始焊接，即按调好的流量供气。

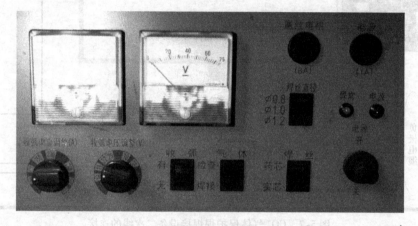

图 5-10 焊机面板操作控制按钮

（3）选择焊机的工作方式 可将焊机面板上的收弧开关置于"有"或"无"位置进行控制，如图 5-10 所示。

1）连续焊长焊缝工作方式。将焊机面板收弧开关置于"有"的位置，只要按一下焊枪上的控制开关，就可松开，焊接过程自动进行，焊工不必一直按着开关，以便操作时轻松。当第二次按焊枪上的控制开关时，焊接电流与电弧电压按预先调整好的参数减小，电弧电压降低，送丝速度减慢；第二次松开控制开关时，填满弧坑，焊接结束，如图 5-11a、b 所示。电流和电压可以分别用焊机面板上的收弧电流和收弧电压调整旋钮调节。

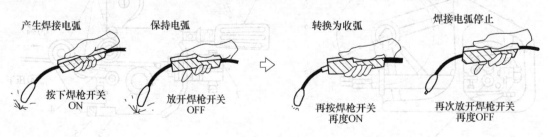

图 5-11 连续焊长焊缝工作方式
a）焊接 b）结束

焊枪控制开关第二次接通时间是收弧时间。这段时间须根据弧坑状况选择，应避免弧坑不满或弧坑处堆高太大。接通时间必须在操作过程中反复练习才能掌握。

2）断续焊短焊缝工作方式。薄板焊接或定位焊时，将焊机面板上的收弧开关置于"无"的位置，开或关焊枪开关的同时，焊接电弧产生或停止，如图5-12a、b所示。焊接过程中手不能松开焊枪上的控制开关，焊工较累。靠反复引弧、断弧的方法填满弧坑。

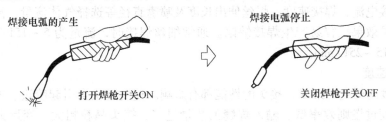

图5-12　断续焊短焊缝工作方式
a）焊接　b）结束

（4）焊机操作过程　焊机安装完毕，合上空气开关→打开气瓶阀门→合上主机电源开关→"气体"开关置到"检查"→调节流量计旋钮（气体流量20L/min）→"气体"开关置到"焊接"→"收弧"开关置到"有"→"焊丝直径"开关置到"φ1.2"→"焊丝"开关置于"实芯"→进行焊接电流和收弧电流预置→根据焊丝直径确定伸出长度→进行试焊→按照焊接规范正确调节→正式焊接。

三、CO₂气体保护焊焊接参数对焊接质量的影响

焊接参数是保证焊接质量、提高焊接效率的重要条件。CO_2气体保护焊的焊接参数包括电源极性、焊丝直径、焊接电流、电弧电压、气体流量、焊接速度、焊丝伸出长度、直流回路电感等。

1. 电源极性

CO_2气体保护焊的电源极性通常都采用直流反接，此时焊接过程稳定、飞溅较小。采用直流正接时，在相同的焊接电流下，焊丝熔化速度大大提高，但熔深较浅、焊缝余高大、飞溅增多。基于以上特点，只有在大电流高速焊接、堆焊和铸铁补焊时才采用直流正接。

2. 焊丝直径

焊丝直径一般可根据焊件厚度、施焊位置及对生产率的要求等来选择。通常半自动焊采用$\phi0.4 \sim \phi1.6mm$焊丝；而自动焊采用较粗焊丝，其直径为$\phi1.6 \sim \phi5mm$。

3. 焊接电流

CO_2气体保护焊时，焊接电流是最重要的焊接参数。因为焊接电流的大小决定了熔滴过渡形式，对飞溅的大小、焊接过程的稳定性有很大影响，同时焊接电流对熔深大小和焊接生产率也有决定性的作用。焊接电流的大小应根据母材厚度、焊丝直径、施焊位置和所要求的熔滴过渡形式来决定。用直径为$\phi0.8 \sim \phi1.6mm$的焊丝，当短路过渡时，焊接电流在$50 \sim 230A$范围内选择；粗滴过渡时，焊接电流可在$250 \sim 500A$范围内选择。

4. 电弧电压

电弧电压与焊接电流配合选择。随着焊接电流的增加，电弧电压也相应增加。短路过渡时，电弧电压为 16 ~ 24V；粗滴过渡时，电弧电压为 25 ~ 45V。电弧电压过高或过低，都会影响电弧的稳定性，使飞溅增加。

5. 气体流量

根据焊接电流、焊接速度、焊丝伸出长度及喷嘴直径等选择气体流量。流量过大或过小都影响保护效果，容易产生焊接缺陷。通常细丝焊接时，流量为 5 ~ 15L/min；粗丝焊接时，约为 15 ~ 25L/min。

6. 焊接速度

焊接速度对焊缝的形成、接头的性能都有影响。速度过快会引起咬边、未焊透及气孔等缺陷，速度过慢则效率低、输入焊缝的热量过多、接头晶粒粗大、变形大、焊缝成形差。一般半自动焊时焊接速度为 15 ~ 40m/h，自动焊时焊接速度为 15 ~ 80m/h。

7. 焊丝伸出长度

焊丝伸出长度过长时，因焊丝过热成段熔化，使焊接过程不稳定、金属飞溅严重、焊缝成形不良和气体对熔池的保护作用减弱；反之，当焊丝伸出长度太短时，则使喷嘴过热，造成金属飞溅物粘住或堵塞喷嘴，从而影响气流的流通。焊丝伸出长度取决于焊丝直径，一般约等于焊丝直径的 10 倍，且不超过 15mm。

8. 直流回路电感

在焊接回路中，为使焊接电弧稳定和减少飞溅，一般需串联合适的电感。当电感值太大时，短路电流增长速度太慢，就会引起大颗粒的金属飞溅和焊丝成段炸断，造成熄弧或使起弧变得困难；当电感值太小时，短路电流增长速度太快，会造成很细颗粒的金属飞溅，使焊缝边缘不齐，成形不良。再者，盘绕的焊接电缆线就相当于一个附加电感，所以一旦焊接过程稳定下来以后，就不要随便改动。

四、如何调节 CO_2 气体保护焊焊接参数

1）根据工件厚度、焊缝位置，按参考公式选择焊丝直径、气体流量、焊接电流。

2）在试板上试焊，根据选择的焊接电流细心调整电弧电压。

3）根据试板上焊缝成形情况，适当调整焊接电流、电弧电压、气体流量，达到最佳焊接参数。

4）在工件上正式焊接过程中，应注意焊接回路、接触电阻引起的电压降低，及时调整焊接电压，确保焊接过程稳定。

焊接电流的调节是通过设在焊机面板上电流表下面的旋钮或遥控器旋钮来进行，顺时针转调大，反时针转调小。一般调动的幅度很小。电弧电压的调节是通过设在焊机面板上电弧电压表下方的旋钮或遥控器旋钮来进行，顺时针转调大，反之调小。气体流量的调节是通过流量计上的流量调节手柄来完成的。

技能训练

一、操作要点

CO_2 气体保护焊的焊接质量是由焊接过程的稳定性决定的。而焊接过程的稳定性，除

通过调节设备选择合适的焊接参数保证外，更主要取决于焊工实际的技术水平。因此，每个焊工都必须熟悉 CO_2 气体保护焊的注意事项，并掌握其基本操作要领，才能根据不同实际情况，灵活地运用这些技能，获得满意的效果。

1）焊接前应将相应的功能旋钮、开关置于正确位置。

2）焊机电源开关打开后，电源指示灯亮，冷却风扇转动，焊机即进入准备焊接状态。

3）焊枪操作的基本要领如下。

按焊枪开关，开始送气、送丝和送电，然后引弧焊接。焊接结束时，关上焊枪开关，然后停丝和停气。在焊接过程中，焊枪的高度（干伸长长度）和角度，自始至终应保持一致（相对焊缝而言）。

二、注意事项

使用 CO_2 气体保护焊焊机的注意事项如下。

1）初次使用焊机前，必须认真阅读说明书，了解与掌握焊机性能，并在有关人员指导下进行操作。

2）严禁焊接电源短路。

3）严禁用兆欧表去检查焊机主要电路和控制电路。如需检查焊机绝缘情况或其他问题，使用兆欧表时，必须将硅元件及半导体器件摘掉，方能进行。

4）使用焊机时必须在室温不超过40℃、湿度不超过85%、无有害气体和易燃易爆气体的环境中。CO_2 气瓶不得靠近热源或在太阳光下直接照射。

5）焊机接地必须可靠。

6）焊枪不准放在焊机上，也不得随意乱扔乱放，应放在安全可靠的地方。

7）经常注意送丝轮的送丝情况，如发现因送丝轮磨损而出现送丝不良，应更换新件。使用时不宜把压丝轮调得过紧，但也不能太松，调到焊丝输出稳定可靠为宜。

8）定期检查送丝机构齿轮箱的润滑情况，必要时应添加或更换新的润滑油。

9）经常检查导电嘴的磨损情况，磨损严重时，应及时更换。

10）要定期检查半自动 CO_2 气体保护焊焊机送丝电动机碳刷的磨损程度，磨损严重时要调换新炭刷。

11）必须定期对半自动 CO_2 气体保护焊焊丝输送软管以及弹簧管的工作情况进行检查，防止出现漏气或送丝不稳定等故障。对弹簧管的内部要定期清洗，并排除管内脏物。

想一想

1）CO_2 气体保护焊设备一般由哪几部分构成？各有什么作用？

2）CO_2 气体保护焊送丝方式有哪几种？

3）CO_2 气体保护焊焊接设备如何进行二次接线？

4）直流回路电感有什么作用？电感值过大或过小会对焊接质量造成哪些影响？

金属加工与实训——焊工实训

任务二 平 敷 焊

训练试件图

CO_2 气体保护焊平敷焊训练试件图如图 5-13 所示。

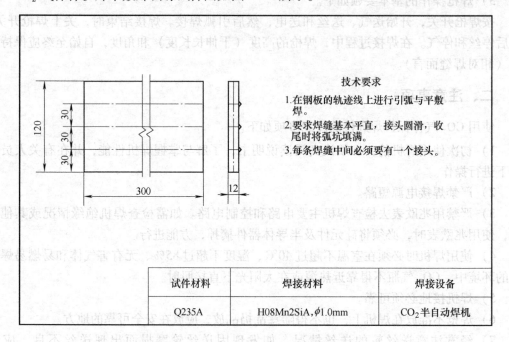

技术要求
1. 在钢板的轨迹线上进行引弧与平敷焊。
2. 要求焊缝基本平直，接头圆滑，收尾时将弧坑填满。
3. 每条焊缝中间必须要有一个接头。

试件材料	焊接材料	焊接设备
Q235A	H08Mn2SiA,ϕ1.0mm	CO_2半自动焊机

图 5-13 CO_2 气体保护焊平敷焊训练试件图

学习目标

通过本任务的学习，学生应能够掌握 CO_2 气体保护焊的基本操作方法，即 CO_2 气体保护焊的持枪方式、焊道的起头、焊枪和焊丝的运动、焊道的接头和收尾等基本操作方法。学生应掌握引弧准确、电弧燃烧稳定、燃烧过程快等技巧，并应能够正确地使用 CO_2 气体保护焊焊机，能够掌握在平板上完成平敷焊操作的技能。

教学可以按照"知识讲解→教师演示→学生实操训练→教师巡回指导和评价"四个环节进行。

知识学习

由于 CO_2 气体保护焊的焊枪比焊条电弧焊的焊钳重，焊枪后面又拖着一根沉重的送丝导管，因此操作时比较吃力。为了长时间坚持生产，每个操作者都应根据焊接位置选择正确的持枪姿势，使自己既不感到别扭，又能长时间、稳定地进行焊接。正确的持枪姿势应满足以下条件。

130

一、操作姿势

操作时用身体的某个部位承担焊枪的重量。通常手臂处于自然状态，手腕灵活带动焊枪平移或转动时，操作者不会感到太累。

二、注意事项

焊接过程中，软管电缆的最小曲率半径应大于300mm。焊接时可随意拖动焊枪。焊接过程中，操作者应维持焊枪斜角不变，还应清楚、方便地观察熔池。将送丝机放在合适的地方，以保证焊枪能在需焊接的范围内自由移动。图5-14所示为CO_2气体保护焊焊接不同位置焊缝时的正确持枪姿势。

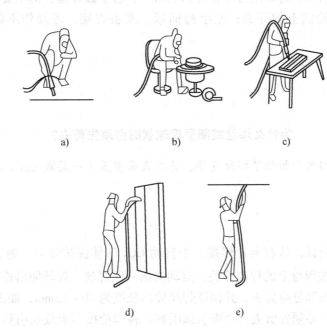

图5-14　CO_2气体保护焊焊接不同位置焊缝时的正确持枪姿势

技能训练

一、试件清理与装配

1. 焊前清理

用角向砂轮机或半圆锉、纱布把焊丝和焊件表面的油、锈、氧化皮等污物进行仔细清理。

2. 焊件装配

将焊件放置在工位上，保持焊件处于平焊位置。

3. 划线

在钢板上沿长度方向每隔30mm用粉笔划一条线，作为焊接时的运条轨迹线。

4. 调节焊接参数

将选好的焊丝装入焊丝盘，按表5-1调节好焊接参数。

表5-1 焊接参数

电流/A	电压/V	干伸长度/mm	焊接速度/m·h⁻¹	气体流量/L·min⁻¹
120~140	20~22	10~15	18~30	15~20

二、操作姿势

CO_2 气体保护焊平敷焊时，根据工作台的高度，操作者身体呈站立或下蹲姿势，上半身稍向前倾，脚要站稳，肩部用力将臂膀抬至水平。右手握焊枪，但不要握得太死，要自然，并用手控制焊枪柄上的开关；左手持面罩，准备焊接。若操作不熟练，最好双手持枪。

为什么焊丝端部呈现球状时必须先剪去？

因为球状端头相当于加粗了焊丝直径，并在表面覆盖了一层氧化膜，对引弧不利。

三、焊接

1. 焊道的起头

在试板的右端引弧，从右向左焊接。半自动 CO_2 气体保护焊时，通常采用"短路引弧"法。引弧前先按焊枪上的控制开关，点动送出一段焊丝。焊丝伸出长度应小于喷嘴与工件间的距离，超长部分应剪去，并保证焊丝伸出长度为 10~15mm，如图5-15所示。若焊丝端部呈现球状时必须先剪去，否则引弧困难。将焊枪按要求放在引弧处，按焊枪上的控制开关，焊机自动提前送气，然后按起动按钮，接通焊接电源送出焊丝。当焊丝碰撞工件短路后，自动引燃电弧。此时焊枪有抬起趋势，必须稍用力将焊枪向下压，尽量减少焊枪回弹，以防止因焊枪抬起太高、电弧太长而使电弧熄灭，保持焊嘴与焊件间的距离。若为对接焊缝，为保证引弧处质量，应采用引弧板，或在距焊件端部 2~4mm 处引弧，然后将电弧缓慢引向待焊处。当焊缝金属熔合后，再以正常焊接速度施焊。

引燃电弧后，通常采用左向焊。在焊接过程中，操作者的主要任务是保持焊枪合适的倾角和喷嘴高度，使之沿焊接方向尽可能地均匀移动，当坡口较宽时焊枪还要作横向摆动。操作者必须能根据焊接过程判断焊接参数是否合适。像焊条电弧焊一样，操作者主要依靠在焊接过程中看到的熔池情况、电弧的稳定性、飞溅的大小及焊缝成形的好坏选择焊接参数。

2. 焊枪和焊丝的运动

焊接过程中，焊工可根据焊接电流的大小、熔池的形状、焊件的熔合情况、装配间隙等调整焊枪移动速度。为了焊出均匀美观的焊道，焊枪移动时应严格注意焊枪角度，保持

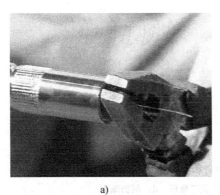
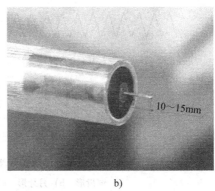

a)　　　　　　　　　　　b)

图 5-15　焊丝伸出长度
a) 剪焊丝　b) 焊丝伸出长度

焊枪与焊件合适的相对位置，同时还要使焊枪移动速度均匀。焊枪应对准坡口的中心线，保持横向摆动幅度一致。焊枪的运动形式如下。

（1）直线焊接　直线焊接时焊枪只沿直线运动而不摆动，形成的焊缝宽度稍窄，焊缝偏高，熔深要浅些。直线焊接时焊枪的运动方向有两种：一种是焊枪自右向左移动，称为左焊法；另一种是焊枪自左向右移动，称为右焊法，如图 5-16 所示。

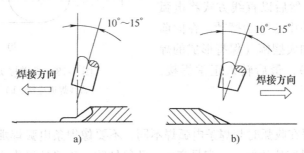

图 5-16　焊枪的运动方向
a) 左焊法　b) 右焊法

左焊法操作时，电弧的吹力作用在熔池及其前沿处，将熔池金属向前推延。由于电弧不直接作用在母材上，因此熔深较浅，焊道平坦且变宽，飞溅较大，保护效果好。采用左焊法时虽然观察熔池困难些，但易于掌握焊接方向，不易焊偏。右焊法操作时，电弧直接作用在母材上，熔深较大，焊道窄而高，飞溅略小，但不易准确掌握焊接方向，容易焊偏，尤其对接焊时更明显。一般 CO₂ 气体保护焊均采用左焊法，前倾角为 10°～15°。

（2）摆动焊接　在 CO₂ 气体保护焊半自动焊时，为了获得较宽的焊缝，往往采用横向摆动运丝方式。常用的运丝方式有锯齿形、月牙形、正三角形、斜圆圈形等几种，如图 5-17 所示。横向摆动时应注意以手腕操作为辅，以手臂操作为主，来控制和掌握运丝角度，而且左右摆动的幅度要一样，否则会出现熔深不良等现象。摆动幅度比焊条电弧焊时小些。

3. 焊道的接头

焊道连接时接头质量的好坏直接影响焊缝的质量。接头的处理如图 5-18 所示。

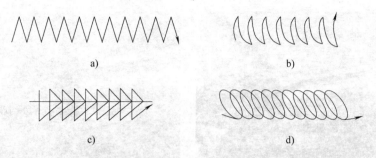

图 5-17　CO_2 气体保护焊半自动焊时常用的运丝方式

a）锯齿形　b）月牙形　c）正三角形　d）斜圆圈形

直线焊道连接的方法是：在原熔池前方 10～20mm 处引弧，然后迅速将电弧引向原熔池中心，待熔化金属与原熔池边缘吻合后，再将电弧引向前方，使焊丝保持一定的高度和角度，并以稳定的速度向前移动，如图 5-18a 所示。

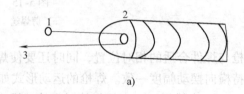

摆动焊道连接的方法是：在原熔池前方 10～20mm 处引弧，然后以直线方式将电弧引向接头处，在接头中心开始摆动，在向前移动的同时，逐渐加大摆幅（保持形成的焊道与焊缝宽度相同），最后转入正常焊接，如图 5-18b 所示。

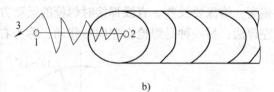

图 5-18　焊道接头连接方法

a）直线焊道连接　b）摆动焊道连接

4. 焊道的收尾

CO_2 气体保护焊在收弧时与焊条电弧焊不同，不要像焊条电弧焊那样习惯性地把焊枪抬起，这样会破坏对熔池的保护，容易产生气孔等缺陷。正确的操作方法是在焊接结束时松开焊枪开关，保持焊枪到工件的距离不变。一般 CO_2 气体保护焊有弧坑控制电路，此时焊接电流与电弧电压自动变小，待弧坑填满后电弧熄灭。电弧熄灭时不要马上抬起焊枪，因为控制电路仍保持延时送气一段时间，以保证熔池凝固时得到很好的保护，等到送气结束时再移开焊枪。

总之，整个焊接过程的关键是保持焊枪与焊件合适的相对位置，控制焊枪与焊件间的倾角和喷嘴高度，保持焊枪沿焊接方向尽可能地均匀移动。当坡口较宽时，为保证两侧熔合质量，CO_2 气体保护焊焊枪也要作摆幅一致的横向摆动。与焊条电弧焊一样，焊工依靠在焊接过程中看到的熔池大小和形状、电弧的稳定性、飞溅大小以及焊缝成形的好坏来判断焊接参数是否合适，进而调整焊接参数。

四、注意事项

1）通过平敷焊的训练，能区分熔渣和熔化金属；通过变换不同的弧长、运丝速度、焊丝角度，来了解这些因素对焊道成形的影响，积累焊接经验。

2）调节电流时应在焊机空载状态下进行。

检测与评价

CO₂气体保护焊半自动焊平敷焊的评分标准见表5-2。

表5-2 CO₂气体保护焊半自动焊平敷焊的评分标准

序 号	项 目	配 分	技 术 标 准
1	长度	4	长280~300mm，每短5mm扣1分
2	宽度	5	宽12~16mm，每超1mm扣1分
3	高度	5	高1~3mm，每超1mm扣2分
4	焊缝成形	10	要求焊波细、均、光滑
5	平直度	10	要求基本平直、整齐
6	起焊熔合	6	要求起焊饱满熔合好
7	弧坑	6	一处扣3分
8	接头	10	要求不脱节，不凸高，每处接头不良扣2分
9	夹渣	10	小于2mm夹渣每点扣2分，每处块渣条渣扣4分
10	气孔	6	每个气孔扣2分
11	咬边	8	每5处扣1分
12	弧擦伤	6	每处弧擦伤扣1分
13	飞溅	4	未清干净扣4分
14	安全文明生产	10	服从劳动管理，穿戴好劳动防护用品，按规定安全技术要求操作

想一想

1）CO₂气体保护焊的基本操作方法有哪些？

2）CO₂气体保护焊左焊法和右焊法各有哪些特点？

3）CO₂气体保护焊通常采用哪种引弧方式？如何起头？

任务三 板对接平角焊

训练试件图

板对接平角焊训练试件图如图5-19所示。

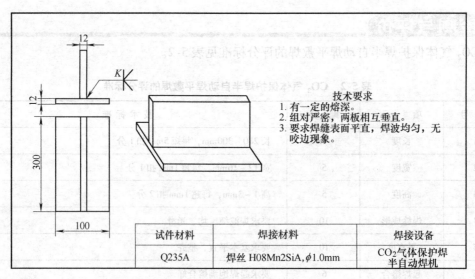

技术要求
1. 有一定的熔深。
2. 组对严密，两板相互垂直。
3. 要求焊缝表面平直，焊波均匀，无咬边现象。

试件材料	焊接材料	焊接设备
Q235A	焊丝 H08Mn2SiA, ϕ1.0mm	CO_2气体保护焊半自动焊机

图 5-19　板对接平角焊训练试件图

学习目标

在本任务学习过程中，熟悉 CO_2 气体保护焊设备的使用性能，掌握 CO_2 气体保护焊平角焊的相关知识及施焊方法和技巧。

教学可以按照"知识讲解→教师演示→学生实操训练→教师巡回指导和评价"四个环节进行。

知识学习

板对板平角焊是将板状试件以 T 形接头（或搭接接头、角接接头）形式在平焊位置进行的焊接，是生产上应用最普遍的一种接头形式和较易施焊的焊接位置。进行平角焊接时，极易产生咬边、未焊透、焊缝下垂等缺陷。为了防止这些缺陷，在操作时除了正确地选择焊接参数，还要根据板厚和焊脚尺寸来控制焊丝角度。应用半自动 CO_2 气体保护焊进行平角焊缝焊接时与焊条电弧焊时不同：焊条电弧焊多采用右焊法，而半自动 CO_2 气体保护焊多采用左焊法。

技能训练

一、焊前清理

试件装配前，应将焊缝 10～20mm 范围内的油污、铁锈及其他污物打磨干净，直至露出金属光泽。

二、试件装配和定位焊

定位焊的组对间隙为 0～2mm，定位焊缝长 10～15mm，焊脚尺寸为 6mm，试件两端各定位焊一处，如图 5-20 所示。检查试件装配符合要求后，将试件水平固定，焊接面朝上。试件高度要保证焊工处于蹲位或站位焊接时有足够的空间，不感到别扭。

装配过程中要注意自己与他人安全，按规定做好防护措施。定位焊缝要有足够的强度，以保证焊接过程中试件不变形，保证两试件间夹角达到90°要求。

三、焊接

采用三层六道焊，如图5-21所示。

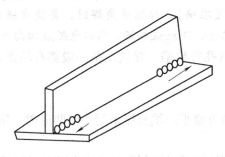

图5-20　T形接头平角焊的定位焊

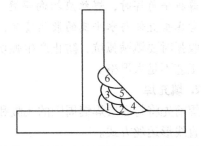

图5-21　T形接头平角焊焊道分布图

按表5-3所示，调整电弧电压、焊接电流、气体流量等焊接参数。

表5-3　CO₂气体保护焊板对板平角焊焊接参数

焊接层次	焊接道次	焊丝直径/mm	焊接电流/A	电弧电压/V	气体流量/L·min⁻¹	电源极性	焊丝伸出长度/mm
打底层	1	φ1.0	140~160	20~22	15	直流反接	10~15
盖面层	2、3	φ1.0	140~150	20~22	15	直流反接	10~15
盖面层	4、5、6	φ1.0	140~160	20~22	15	直流反接	10~15

1. 打底焊

采用左向焊，操作时焊枪角度和焊接方向如图5-22所示。

起弧前先用专用尖嘴钳将焊丝端头剪断，使焊丝达到伸出长度的要求（10~15mm），以保证有良好的引弧条件。在试件左端距始焊点15~20mm处，将焊枪喷嘴放在底板上，并对准引弧处，按平敷焊要领引燃电弧，快速移至始焊点。焊丝要对准根部，电弧停留时间要长些。待试件夹角处完全熔化产生熔池后，开始向左焊接。采用斜三角形小幅度运丝方式。焊枪在中间位置时移动速度稍快，两端时稍作停留，熔池下缘稍靠前方，保持两侧焊脚熔化一致，防止钢液下

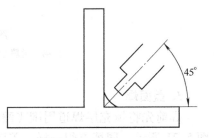

图5-22　打底焊焊枪角度和焊接方向

坠，保持焊枪正确的角度和合适的焊接速度。如果焊枪对准位置不正确，焊接速度过慢，就会使钢液下淌，造成焊缝下垂、未熔合缺陷；如果焊接速度过快，则会引起焊缝的咬边。

焊接接头时要先将杂质处理干净，然后在距接头点右边10~15mm处引燃电弧，此时千万不要形成熔池。快速将电弧移至弧坑中间位置，电弧停留时间长一些，待弧坑完全熔化，焊枪再向两侧摆动，放慢焊接速度。焊过弧坑位置后便可恢复正常的焊接。

焊接薄厚板时应注意哪些问题？

薄板平角焊时，焊丝应指向焊缝（要求位置准确）。厚板平角焊时，要使焊缝对称，必须考虑垂直侧与水平侧的散热情况，上板散热差，下板散热好，所以电弧应指向下板。

收弧时要填满弧坑，防止产生弧坑裂纹、气孔等缺陷。焊接设备一般都有填弧装置，收弧工艺不是太严格。

2. 填充焊

焊前先将打底层焊缝周围的飞溅和不平的地方修平。填充层采用一层两道焊，用左焊法，直线形运丝方式。

第一道先焊靠近底板的焊道，采用直线式焊接。焊接时焊丝要对准打底层焊缝下趾部，保证电弧在打底焊道和底板夹角处燃烧，防止未熔合产生。焊枪与底板母材角度为 50°~60°，如图 5-23a 所示。焊接过程中，焊接速度要均匀，注意角焊缝下边熔合一致，保证焊缝焊直不跑偏。

第二道填充焊采用直线摆动法，焊缝熔池下边缘要压住前一层焊缝的 1/2，上边缘要均匀熔化侧板母材，保证焊直不咬边。焊枪角度如图 5-23b 所示。

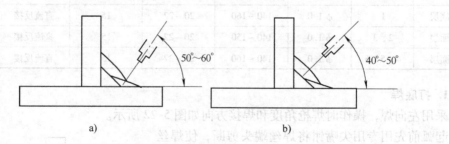

图 5-23　填充焊焊枪角度
a）第一道填充焊焊枪角度　b）第二道填充焊焊枪角度

3. 盖面焊

焊前先将填充层焊道周围飞溅和不平的地方修平。采用左焊法，一层三道焊道，如图 5-21 所示。同填充焊一样，盖面焊时先焊靠近底板的焊道，焊枪与底板母材角度与第一道填充焊相同，如图 5-23a 所示。焊接过程中，焊接速度要均匀，角焊缝下边熔合一致，保证焊缝焊直不跑偏。第二道盖面层焊接时，采用小幅度摆动焊接，焊接速度放慢一些。焊枪摆动到下部时，焊缝熔池要稍靠前方，熔池下沿要压住前一层焊缝的 2/3。摆动到上部时，焊丝要指向焊缝夹角，使焊接电弧在夹角处燃烧，保证夹角部位熔合好，不产生较深的死角。焊枪角度同打底焊，如图 5-22 所示。第三道盖面焊采用直线摆动法。焊枪角度同填充焊的第二道焊缝，如图 5-23b 所示。焊接时速度最快，焊缝熔池下边缘要压住前一层焊缝的 1/2，上边缘要均匀熔化母材，保证焊直不咬边。

4. 焊接另一边

用同样的方法焊接另一边的角焊缝。

5. 清理试件，整理现场

焊接完毕后，将焊缝两侧的飞溅清理干净；将工位内的焊机断电，工具复位，场地清理干净。

四、注意事项

1）焊接作业中要经常检查焊缝，及时发现因风力或气体调节、气体纯度原因产生的气孔，以便采取防止措施。

2）要用专用地线卡，确保接触良好以保证设备的正常运行和安全。

检测与评价

在焊接过程中要注意表面焊缝应保持原始状态，清除飞溅物时不得伤及表面焊缝。表面焊缝焊脚尺寸应控制在12mm左右，呈等腰三角形，焊缝表面不得有气孔、裂纹、未熔合、焊瘤等缺陷。板对板平角焊评分标准见表5-4。

表5-4 板对板平角焊评分标准

序 号	考核内容	考核要点	配 分	评分标准
1	焊前准备	劳保着装及工具准备齐全，参数设置及设备调试正确	5	工具及劳保着装不符合要求，参数设置及设备调试不正确，有一项扣一分
2	焊接操作	试件空间位置符合要求	10	试件空间位置超出规定范围扣10分
3	焊缝外观	焊缝表面不允许有焊瘤、气孔、夹渣等缺陷	10	出现任何一项缺陷，该项不得分
		焊缝咬边深度不大于0.5mm，两侧咬边累计长度不超过焊缝有效长度的15%	10	咬边深度不大于0.5mm时，每5mm扣1分，累计长度超过焊缝有效长度的15%时，扣10分 咬边深度大于0.5mm时扣10分
		焊缝凸凹度差不大于1.5mm	10	凸凹度差大于1.5mm扣10分 凸凹度差不大于1.5mm不扣分
		焊脚尺寸 $K = 12mm \pm (1 \sim 2)mm$	15	每超标一处扣5分
		两板间夹角为90°±2°	5	超标扣5分
4	宏观金相检验	根部熔深不小于0.5mm	10	根部熔深小于0.5mm时扣10分
		条状缺陷	10	最大尺寸不大于1.5mm，且数量不多于一个时，不扣分 最大尺寸大于1.5mm，且数量多于一个时，扣10分
		点状缺陷	10	点数不大于六个时，每个扣1分 点数大于六个时，扣10分
5	其他	安全文明生产	5	设备复位，工具摆放整齐，清理试件，打扫场地，关闭电源，每有一处不符合要求扣1分
6	焊接操作	操作时间	10	试件空间位置超出规定范围扣10分

1）什么是板对板平角焊？平角焊接时，极易产生哪些缺陷？

2）板对板平角焊如何接头？

任务四　板对接立角焊

板对接立角焊技能训练试件图如图 5-24 所示。

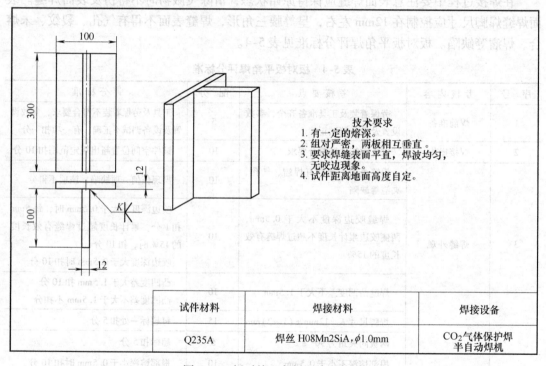

技术要求

1. 有一定的熔深。
2. 组对严密，两板相互垂直。
3. 要求焊缝表面平直，焊波均匀，无咬边现象。
4. 试件距离地面高度自定。

试件材料	焊接材料	焊接设备
Q235A	焊丝 H08Mn2SiA，ϕ1.0mm	CO_2气体保护焊半自动焊机

图 5-24　板对接立角焊训练试件图

通过本任务的学习，学生应进一步熟悉 CO_2 气体保护焊设备的性能和使用方法，并应能掌握 CO_2 气体保护焊平板立角焊的施焊方法和技巧。

教学可以按照"知识讲解→教师演示→学生实操训练→教师巡回指导和评价"四个环节进行。

板对板立角焊是指 T 形接头角焊缝的空间位置处于立焊部位时的焊接。由于立角焊时熔池受重力影响，钢液易下淌，故易形成焊瘤、咬边等焊接缺陷，焊缝成形差。CO_2气体保护焊平板立角焊有两种方法，即：向上立焊和向下立焊。向下立焊具有焊缝成形美观、熔深较浅特点，比较适用于厚度小于6mm焊件的焊接。而对于厚度较大的焊件，由于向下立焊时熔深太浅，无法保证将焊件焊透，所以不能采用此种方法焊接，可采用向上立焊的操作方法。本任务中12mm钢板T形接头立角焊采用向上立焊的方法。

 **小知识**

向上立焊时焊枪不宜作直线式运动

向上立焊具有熔深大、容易操作的特点，特别适合厚度较大焊件的焊接。操作时，焊枪不宜作直线式运动。如果焊枪采用直线式运动，焊缝呈凸起状，则成形不良，还会出现咬边现象。特别是多层焊时，易产生未焊透。所以，焊接时不宜采用直线式运动方式。焊枪应根据板厚适当地调整运动方式。

技能训练

一、焊前准备

1. 焊前清理

如图5-25所示，试件装配前应将焊缝10~20mm范围内的油污、铁锈及其他污物用角向砂轮机打磨干净，直至露出金属光泽。打磨时角向砂轮机与焊件间夹角为20°~30°。

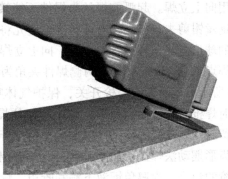

图5-25 清理试件

2. 试件装配和定位焊

试件组对间隙0~2mm，定位焊缝长10~15mm，试件两端各定位焊一处。

3. 检查

检查试件装配情况，符合要求后将试件垂直装夹在焊接架上，如图5-26所示。检查焊枪喷嘴内壁是否清洁、有无污物，并在喷嘴内涂防喷溅剂，如图5-27所示。检查水、电、气等全部连接是否正确，完毕后合上电源。

金属加工与实训——焊工实训

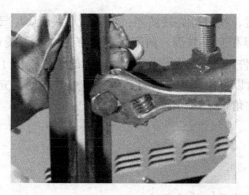

图 5-26 板对板立角焊装配实物图

图 5-27 涂防喷溅剂

二、焊接

采用三层三道焊。按表 5-5 调整电弧电压、焊接电流、气体流量等焊接参数。

表 5-5 CO_2 气体保护焊板对板立角焊焊接参数

焊接层次 （三层三道）	焊接 道次	焊丝直径 /mm	焊接电流 /A	电弧电压 /V	气体流量 /L·min^{-1}	焊接速度 /cm·s^{-1}	焊丝伸出 长度/mm
打底层	1	φ1.0	120～140	20～22	15～20	0.5～0.8	10～15
填充层	2	φ1.0	120～140	20～22	15～20	0.4～0.6	10～15
盖面层	3	φ1.0	120～140	20～22	15～20	0.4～0.6	10～15

1. 打底焊

采用向上立焊。起弧前焊丝与焊件不能接触，焊丝伸出长度为 10～15mm。如果过长则应用钢丝钳剪去；如端部有球状物也应先将焊丝端头剪去（图 5-28），因为焊丝端头若有很大的球形直径，容易产生飞溅。向上立焊时，焊枪位置十分重要，焊枪放置在试件下端距始焊点 15～20mm 处，与两侧焊件夹角为 45°，与焊缝夹角为 70°～80°，如图 5-29 和图 5-30 所示。用手勾住焊枪开关，保护气体喷出，焊丝向下移动，焊丝接触焊件引燃电弧。此时焊枪有自动回顶现象，稍用力拖住焊枪，然后快速移至焊点。焊丝要对准根部，电弧停留时间要长些。待试件根部全部熔化产生熔池后，开始向上立焊。焊枪采用正三角形或锯齿形摆动法焊接，如图 5-31 所示。焊枪摆动幅度要一致，移动速度要均匀，同时保证焊枪的角度。为避免钢液下淌和咬边，焊枪在中间位置应稍快，两端焊趾处要稍作停留。焊接过程中，焊枪作正三角形或锯齿形摆动时，焊丝端头要始终对准顶角和两侧焊趾，以获得较大熔深。

焊接接头时要先将接头处杂质清理干净，然后在距弧坑上方 15～20mm 处引燃电弧，不要形成熔池。将电弧快速移到原焊道的弧坑中心，电弧停留时间长一些。待弧坑完全熔化后，焊枪再向两侧缓慢摆动。焊过弧坑位置后，便可正常焊接。

收弧时要填满弧坑，防止产生弧坑裂纹、气孔等缺陷。由于焊接设备有填弧装置，所以对收弧工艺要求不太严格。收弧后焊枪不能立即抬起，要有一段延时送气时间。

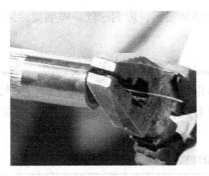

图 5-28　剪断焊丝实物图

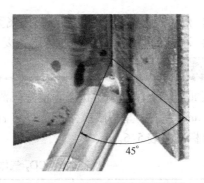

图 5-29　焊枪与焊件夹角实物图

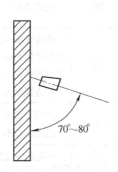

图 5-30　打底焊时焊枪与焊缝的夹角

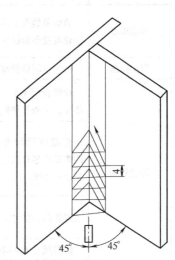

图 5-31　焊枪摆动方式

2. 填充焊

焊前先将打底层焊缝周围飞溅和不平的地方修平，采用锯齿形摆动法焊接，焊枪角度和焊接方向与打底焊相同。焊丝端头要随着焊枪的摆动对准打底层焊缝和焊缝趾部，保证层间熔合。焊枪喷嘴高度应保持一致，速度均匀上升。

3. 盖面焊

焊接方法与填充焊相同，焊枪摆动比填充焊要宽一些。注意观察焊脚尺寸，两侧熔化要一致，焊接中间位置时要稍快些，避免熔池钢液下坠，同时两侧不能咬边，中间也不能焊得过高。

4. 焊接另一边

用同样的方法焊接另一边角焊缝。

5. 清理试件，整理现场

焊接完毕后，将焊缝两侧的飞溅清理干净。将工位内的焊机断电，工具复位，场地清理干净。

三、注意事项

1）焊枪移动应保持平稳，同时保证焊枪的角度。

2）焊接电缆摆放时，最小曲率半径应大于 60cm。

3）焊接过程中要经常清理喷嘴的飞溅，以免堵塞喷嘴，影响送丝。喷嘴要涂防喷溅剂。

4）注意防护，胸口衣领、裤脚边要扎紧。

检测与评价

表面焊缝要保持原始状态，清除飞溅物时不得伤及表面焊缝。表面焊缝焊脚尺寸应控制在 12mm 左右，呈等腰三角形，焊缝表面不得有气孔、裂纹、未熔合、焊瘤等缺陷，具体评分标准见表 5-6。

表 5-6　CO_2 气体保护焊板对立角焊评分标准

序　号	考核内容	考核要点	配　分	评分标准
1	焊前准备	劳保着装及工具准备齐全，参数设置及设备调试正确	5	工具及劳保着装不符合要求，参数设置及设备调试不正确，有一项扣一分
2	焊接操作	试件空间位置符合要求	10	试件空间位置超出规定范围扣10分
3	焊缝外观	焊缝表面不允许有焊瘤、气孔、烧穿、夹渣等缺陷	10	出现任何一项缺陷，该项不得分
		焊缝咬边深度不大于 0.5mm，两侧咬边累计长度不超过焊缝有效长度的15%	10	咬边深度不大于 0.5mm 时，咬边累计长度每5mm 扣1分，累计长度超过焊缝有效长度的15%时，扣10分；咬边深度大于 0.5mm 时扣10分
		焊缝凸凹度差不大于 1.5mm	10	凸凹度差大于1.5mm 扣10分；凸凹度差不大于 1.5mm 不扣分
		焊脚尺寸 $K = 12mm \pm (1 \sim 2)mm$	15	每超标一处扣5分
		两板间夹角为 90°±2°	5	超标扣5分
4	宏观金相检验	根部熔深不小于 0.5mm	10	根部熔深小于 0.5mm 时扣10分
		条状缺陷	10	最大尺寸不大于 1.5mm 且数量不多于1个时，不扣分；最大尺寸大于 1.5mm 且数量多于1个时，扣10分
		点状缺陷	10	点数不大于六个时，每个扣1分；点数大于六个时，扣10分
5	其他	安全文明生产	5	设备复位，工具摆放整齐，清理试件，打扫场地，关闭电源，每有一处不符合要求扣1分
6	焊接操作	操作时间	10	试件空间位置超出规定范围扣10分

想一想

1）板对板立角焊时如何接头？

2）为什么焊件厚度大于6mm时不能采用向下立焊？

3）板对板立角焊时焊枪角度如何？

模块六 手工钨极氩弧焊

任务一 手工钨极氩弧焊设备、工具的使用与调节

学习目标

通过本任务的学习，学生应能够掌握手工钨极氩弧焊设备的组成、接线、使用方法等知识，熟悉手工钨极氩弧焊焊接参数的选择及调节方法。通过技能训练，学生应掌握手工钨极氩弧焊喷嘴与焊件间的距离以及钨极的磨削等基本操作方法。

教学可以按照"知识讲解→教师演示→学生实操训练→教师巡回指导和评价"四个环节进行。

知识学习

一、手工钨极氩弧焊设备的简单介绍

钨极氩弧焊又称钨极惰性气体保护焊，简称 TIG 焊。它是使用纯钨或活化钨电极，以氩气作为保护性气体的气体保护焊方法，如图 6-1 和图 6-2 所示。钨极只起导电作用不熔化，通电后在钨极和工件间产生电弧。在焊接过程中可以填丝也可以不填丝。

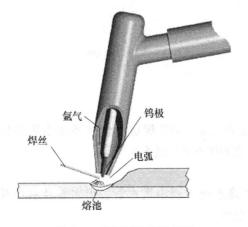

图 6-1 钨极氩弧焊示意图

图 6-2 钨极氩弧焊操作图

TIG 焊设备按焊接电源不同可分为交流 TIG 焊机（包括矩形波 TIG 焊机）、直流 TIG 焊机以及脉冲 TIG 焊机。手工 TIG 焊设备主要由焊接电源、焊枪、供气和供水系统以及控制系统等部分组成。

1. 焊接电源

焊接电源是提供 TIG 焊焊接能量的装置，可以采用直流电源、交流电源或交直流两用电源。直流电源、交流电源均采用陡降或垂直下降的外特性。交流电源的空载电压为 70～90V，其组成还包括高频振荡器引弧装置，为保证电弧稳定燃烧还需接脉冲稳弧器。直流电源的空载电压为 65～80V，常接入脉冲引弧装置。直流手工 TIG 焊机主要采用直流正接法，常用于非合金钢、不锈钢、耐热钢、钛及钛合金、铜及铜合金等金属的焊接。常用的逆变直流手工 TIG 焊焊接电源如图 6-3 所示。交流手工 TIG 焊机有较好的热效率，能提高钨极的载流能力，适用于焊接厚度较大的铝及铝合金、镁及镁合金工件。

2. 焊枪

TIG 焊焊枪的作用是夹持电极、导电及输送保护气体。目前国内使用的焊枪大体上有两种：水冷焊枪 QS（大电流焊接用，$I > 100A$），如图 6-4 和图 6-5 所示；气冷焊枪 QQ（小电流焊接用，$I \leqslant 100A$）。

图 6-3 常用的逆变直流
手工 TIG 焊焊接电源

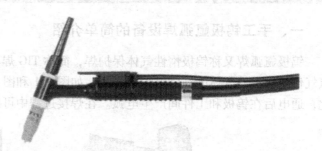

图 6-4 水冷焊枪 QS

3. 供气系统

供气系统是向焊接区提供流量稳定的保护气体。TIG 焊机的供气系统主要包括氩气瓶、减压器、气体流量计及电磁气阀，其组成如图 6-6～图 6-8 所示。

4. 供水系统

采用水冷焊枪时，要求有水路系统。水路系统主要由进水管、出水管及水压开关组成。水路不仅要冷却枪体，而且要冷却焊接电缆。

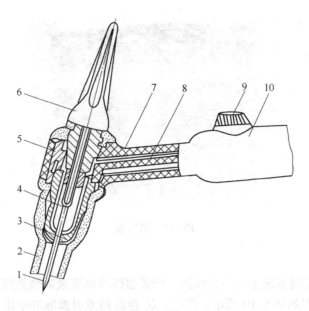

图 6-5 水冷焊枪 QS 结构

1—钨极 2—陶瓷喷嘴 3—导气套管 4—电极夹头 5—枪体 6—电极帽

7—进气管 8—冷却水管 9—控制开关 10—焊枪手柄

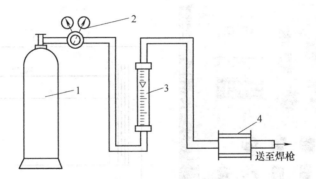

图 6-6 TIG 焊机的供气系统

1—氩气瓶 2—减压器 3—气体流量计 4—电磁气阀

LT-25 氩气减压流量计

图 6-7 氩气减压流量计

147

图 6-8　氩气瓶

5. 控制系统

TIG 焊设备的控制系统主要由引弧器、稳弧器以及电流衰减装置组成，如图 6-9 所示。钨极氩弧焊程序流程如图 6-10 所示。图中，U_i 指高频或引弧脉冲电压，I 指焊接电流，v_w 指焊接速度，v_f 送丝速度，Q 指保护气体流量，t_1 指提前送气时间，t_2 指电流衰减时间，t_3 指延迟断气时间。

图 6-9　钨极氩弧焊程序流程图　　　　　　　　图 6-10　控制系统

控制系统应满足如下要求。

（1）焊前提前 1.5～4s 输送保护气体，以驱散焊接区域空气。

（2）焊后延迟 5～15s 停气，以保护尚未冷却的钨极和熔池。

（3）自动接通和切断引弧和稳弧电路。

（4）控制电源的通断。

（5）焊接结束前电流自动衰减，以消除弧坑和防止弧坑开裂。

二、焊接设备二次线的连接

安装接线如图 6-11 所示。

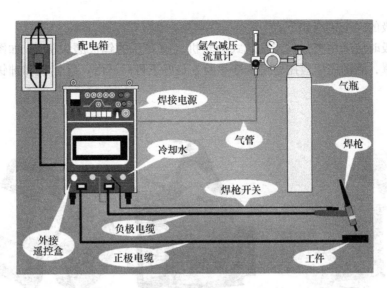

图 6-11　安装接线图

查明焊接电源所规定的输入电压、相数、频率，确保与电网相符再接入配电盘上→接好电源接地线→焊接电源输出端一极与母材连接→焊接电源输出端另一极与焊枪供电部分连接→连接控制系统→安装氩气减压流量计并将出气口与气管连接→将减压流量计上的电源插头插入焊机的专用插座上。

三、钨极的磨削

为适应不同场合的焊接要求，钨极端部要磨成不同的形状，如图 6-12 所示。常见的有如下两种方式。

1. 尖锥状

尖锥状钨极适用于直流（正接），交流亦可。锐角（通常为 $30°$ 左右）尖锥状适用于小直径钨极、小电流焊接的场合，钝角尖锥状（通常大于 $90°$）适用于大直径钨极、大电流焊接的场合。为防止尖端烧损，可把尖锥状钨极的尖端磨成一个小平台。

2.（半）球状

（半）球状钨极适用于交流焊接。

打磨钨极时应注意使端部形状均匀一致、磨痕方向正确，如图 6-13 所示。

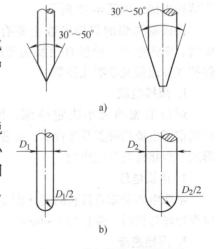

图 6-12　钨极端部不同的形状
a）锥状　b）球状

图 6-13　钨极打磨

打磨钨极的安全措施如下。

磨削钨极时应采用密封式或抽风式砂轮机（有专用的钨极磨尖机），如图 6-14 所示。焊工应戴口罩，磨削完毕应用肥皂洗净手脸，最好下班后淋浴。钍钨极和铈钨极应放在铝盒内保存。

图 6-14　钨极磨尖机

四、焊接参数的调节

TIG 焊时可采用填充焊丝或不填充焊丝的方法形成焊缝，一般不填充焊丝法主要适用于薄板焊接，如图 6-15 所示。

钨极氩弧焊的焊接参数主要有焊接电流、电弧电压、钨极直径及端部形状、保护气体流量及喷嘴孔径等。

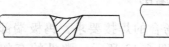

不填充焊丝法　　填充焊丝法

图 6-15　焊缝示意图

1. 焊接电流

焊接电流的大小决定熔深。因此，在选定了电流的种类及极性后，要根据板厚来选择电流的大小，此外还要适当考虑接头的形式、焊接位置等的影响。

2. 电弧电压

电弧电压是随着弧长的变化而变化的。不填充焊丝焊接时，弧长一般控制在 1～3mm；填充焊丝焊接时，弧长约 3～6mm。

3. 焊接速度

焊接速度影响焊接热输入，因此影响熔深及熔宽。通常根据板厚来选择焊接速度，而且为了保证获得良好的焊缝成形，焊接速度应与焊接电流、预热温度及保护气流量适当匹配。

4. 钨极直径和端部形状

钨极端部形状是一个重要焊接参数。根据所用焊接电流种类，选用不同的端部形状。钨极尖端角度的大小会影响钨极的许用电流、引弧及稳弧性能。

5. 填丝速度和焊丝直径

直径↑→填丝↓，电流 I↑→填丝↑，间隙↑→填丝↑，板厚↑→直径↑，间隙↑→

直径↑。

6. 保护气流量和喷嘴直径

在一定条件下，保护气流量和喷嘴直径有一个最佳范围。此时，气体保护效果最佳，有效保护区最大。如保护气流量过低，气流挺度差，排除周围空气的能力弱，保护效果不佳；流量太大，容易变成紊流，使空气卷入，也会降低保护效果。同样，在流量一定时，喷嘴直径过小，保护范围小，且因气流速度过高而形成紊流；喷嘴直径过大，不仅妨碍焊工观察，而且气流流速过低，挺度小，保护效果也不好。所以，保护气流量和喷嘴直径要有一定配合。一般手工氩弧焊喷嘴内径范围为 $\phi5 \sim \phi20mm$，流量范围为 $5 \sim 25L/min$。

7. 喷嘴与工件间的距离

喷嘴与工件间的距离要与钨极伸出长度相匹配。一般应控制为 $8 \sim 14mm$。距离过小时，影响工人的视线，且易导致钨极与熔池的接触，使焊缝夹钨并降低钨极寿命；距离过大时，保护效果差，电弧不稳定。

在焊接过程中，每一项参数都直接影响焊接质量，而且各参数之间又相互影响、相互制约。为了获得优质的焊缝，除注意各焊接参数对焊缝成形和焊接过程的影响外，还必须考虑各焊接参数的综合影响，即应使各项焊接参数合理匹配。

焊接参数的选择方法如下。

1）根据工件材料种类、厚度和结构特点确定焊接电流和焊接速度。

2）根据焊接电流选择合适的钨极直径。

3）根据喷嘴直径（D）与钨极直径（d）之间的关系 $D = 2d + (2 \sim 5)mm$ 选择喷嘴直径。

4）根据喷嘴直径大小确定保护气流量。

技能训练

一、操作要求

手工 TIG 焊焊接过程如图 6-16 所示。

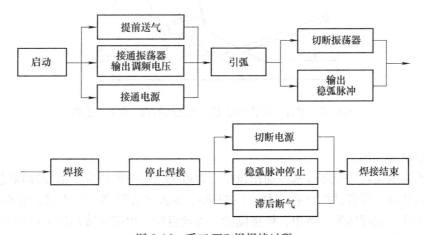

图 6-16 手工 TIG 焊焊接过程

1. 引弧

引弧前应提前 5～10s 送气。采用高频振荡引弧（或脉冲引弧），引弧时，应先使钨极端头与工件之间保持较短距离，然后接通引弧器电路，在高频电流或高压脉冲电流的作用下引燃电弧。这种引弧方法可靠性高，且由于钨极不与工件接触，因而不致因短路而烧损，还可防止焊缝因钨极材料落入熔池而形成夹钨等缺陷。

什么是夹钨？

钨极氩弧焊时，钨极微粒混入焊缝金属的现象称为夹钨。

2. 焊接

焊接时，为了得到良好的气体保护效果，在不妨碍视线的情况下，应尽量缩短喷嘴与工件间的距离，采用短弧焊接。焊枪与工件间角度的选择也应以获得好的保护效果、便于填充焊丝为原则。平焊、横焊或仰焊时，多采用左焊法。立焊厚度小于4mm的薄板时，采用向下立焊或向上立焊均可；立焊板厚大于 4 mm 的工件时，多采用向上立焊。电弧要保持一定高度，焊枪移动速度要均匀，以确保焊缝熔深、熔宽的均匀，防止产生气孔和夹渣等缺陷。为了获得必要的熔宽，焊枪除作匀速直线运动外，允许作适当的横向摆动。在需要填充焊丝时，焊丝直径一般不得大于 $\phi4mm$，因为焊丝太粗易产生夹渣和未焊透现象。焊枪和填充焊丝之间的相对位置如图 6-17 所示。填充焊丝在熔池前均匀地向熔池中送入，切不可扰乱氩气气流。焊丝的端部应始终置于氩气保护区内，以免氧化。

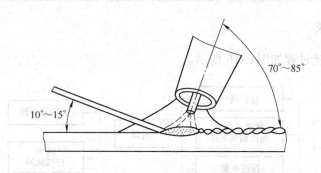

图 6-17　平焊时焊枪和填充焊丝之间的相对位置示意图

焊枪摆动方式如下。

手工钨极氩弧焊焊枪运行基本动作包括沿焊枪钨极轴线的送进、沿焊缝轴线方向纵向移动和横向摆动。尽管动作只有三种，但焊枪的移动方法很多。选用时，应根据工件材料、接头形式、装配间隙、钝边、焊接位置、焊丝直径、焊接参数和焊工操作习惯等因素而定。手工钨极氩弧焊焊枪基本的摆动方式及应用范围见表6-1。

表 6-1　手工钨极氩弧焊焊枪基本的摆动方式及应用范围

焊枪摆动方式	示　意　图	适 用 范 围
直线形		Ⅰ型坡口对接焊 多层多道焊的打底焊
锯齿形		对接接头全位置焊 角接接头的立焊、横焊和仰焊
月牙形		
圆圈形		厚件对接平焊

3. 收弧

焊缝在收弧处要求不存在明显的下凹以及气孔与裂纹等缺陷。为此，在收弧处应添加填充焊丝将弧坑填满，这在焊接热裂纹倾向较大的材料时尤为重要。此外，还可采用电流衰减方法、逐步提高焊枪的移动速度，以减少对熔池的热输入来防止裂纹。在焊接拼板接缝时，通常采用引出板将收弧处引出工件，使得易出现缺陷的收弧处脱离工件。

熄弧后，不要立即抬起焊枪，要使焊枪在焊缝上停留 3～5s。待钨极和熔池冷却后，再抬起焊枪，停止供气，以防止焊缝和钨极受到氧化。至此，焊接过程结束，关掉焊机，切断水、电、气路。

二、注意事项

1）焊接操作中要注意检查焊缝，及时发现因风力或气体调节以及气体纯度等原因所造成的气孔，以便采取防范措施。

2）采用专用地线，确保接触良好，以保证设备的正常运行和安全。

3）焊枪角度要正确。

4）焊丝的送进速度要均匀一致。

想一想

1）手工 TIG 焊设备一般由哪几部分构成？

2）手工 TIG 焊一般用什么样的焊接电源？

任务二　平　敷　焊

训练试件图

手工 TIG 平敷焊技能训练试件图如图 6-18 所示。

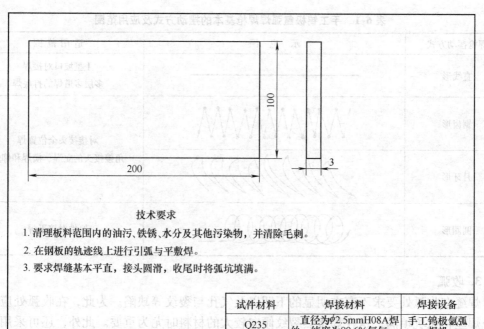

技术要求

1. 清理板料范围内的油污、铁锈、水分及其他污染物，并清除毛刺。

2. 在钢板的轨迹线上进行引弧与平敷焊。

3. 要求焊缝基本平直，接头圆滑，收尾时将弧坑填满。

试件材料	焊接材料	焊接设备
Q235	直径为φ2.5mmH08A焊丝，纯度为99.6%氩气	手工钨极氩弧焊机

图 6-18 手工 TIG 平敷焊训练试件图

学习目标

通过本任务的学习，学生应能够掌握手工 TIG 焊的基本操作方法，即送丝、焊枪和焊丝的运动、焊道的接头和收尾等的方法和技巧，学生应能够正确地使用 TIG 焊焊机，能够掌握在平板上完成平敷焊操作的技巧。

教学可以按照"知识讲解→教师演示→学生实操训练→教师巡回指导和评价"四个环节进行。

知识学习

一、连续送丝和断续送丝

连续送丝操作技术较好，对保护气体的扰动小，但是比较难掌握。连续送丝时，要求焊丝比较平直，用左手拇指、食指和中指配合送丝，无名指和小指夹住焊丝控制方向，如图 6-19 所示。连续送丝时手臂动作不大，待焊丝快用完时才前移。连续送丝的特点是焊接电流大、焊速快、焊波细、成形美观，但需要熟练的送丝技能。

断续送丝时用左手拇指、食指、中指捏紧焊丝，焊丝末端应始终处于氩气保护区内。填丝动作要轻，不得扰动氩气保护层，以防止空气侵入；不能像气焊那样在熔池内搅拌，而是靠手臂和手腕的上、下反复动作，将焊丝端部的熔滴送入熔池。此法容易掌握，适用于小焊接电流、慢

图 6-19 连续送丝操作技术

焊速、焊波相对较粗的情况，但当工件间隙较大或电流不适合时，背面易产生凹陷。在全位置焊时多采用此法。

二、收弧方法

常用收弧方法有如下几种。

1. 焊接电流衰减法

利用电流衰减装置逐渐减小焊接电流，使熔池逐渐缩小，直至母材不再熔化，从而达到收弧处无弧坑或缩孔的目的。

2. 增大焊速法

在焊接终止时，焊枪前移速度逐渐加快，焊丝的送给量逐渐减少，直到母材不熔化时为止。基本操作要点是逐渐减少热量输入，重叠焊缝 20～30mm。此法最适合于环缝，收弧处无弧坑无缩孔。

3. 多次熄弧法

焊接终止时焊速减慢，焊枪后倾角加大，拉长电弧，使电弧热主要集中在焊丝上。而焊丝送给量增大，填充熔池，使焊缝增高。熄弧后马上再引燃电弧，重复两三次。此法可能会造成收弧处焊缝过高，需要修磨。

4. 应用引出板法

平板对接焊接熄弧时常应用引出板，焊后将引出板去掉修平。

技能训练

一、试件清理与装配

采用 WCe—20 铈钨极，端部磨成 30°圆锥形，锥端直径 $\phi0.5mm$，其顶部稍留直径为 $\phi0.5～\phi1mm$ 的小圆台为宜。电极的伸出长度为 3～5mm。

1. 清理

清理板件焊缝正反两侧各 20mm 范围内的油污、氧化膜、水分及其他污染物，直至露出金属光泽。

2. 装配

将焊件放置在工位上，保持焊件处于平焊位置。

引弧前应提前 5～10s 输送氩气，借以排开管中及工件待焊处空气，并调节减压器到所需流量值。

连接完毕，待教师检查后，在教师指导下完成试机、试焊检查。

焊接参数见表6-2。

表6-2 焊接参数

电流/A	钨极直径/mm	焊丝直径/mm	气体流量/L·min⁻¹
70～90	$\phi2.4$	$\phi2.5$	6～7

二、焊接

1. 操作姿势

根据工作台的高度，身体呈站立或下蹲姿势，上半身稍向前倾，脚要站稳，肩部用力将臂膀抬至水平。右手握焊枪，但不要握得太死，要自然，并用手控制枪柄上的开关，如图6-20所示；左手持焊丝，头上戴面罩，准备焊接。

2. 引弧

手工钨极氩弧焊通常采用引弧器进行引弧。这种引弧的优点是钨极与焊件保持一定距离而不接触，就能在施焊点上直接引燃电弧，从而可使钨极端头保持完整，钨极损耗小，引弧处不会产生夹钨缺陷。

图6-20 手握焊枪的姿势

3. 焊炬和焊丝的运动

电弧引燃后，要使喷嘴到焊接处保持一定距离并稍作停留，使母材上形成熔池后，再送给焊丝。焊接方向采用左焊法，如图6-21所示。

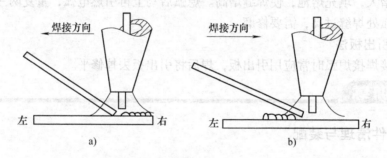

图6-21 左焊法与右焊法
a) 左焊法 b) 右焊法

小知识

什么是左焊法与右焊法？

在焊接过程中，焊丝与焊枪由右端向左端移动，焊接电弧指向未焊部分，焊丝位于电弧运动的前方，称为左焊法。如在焊接过程中，焊丝与焊枪由左端向右端焊接，焊接电弧指向已焊部分，填充焊丝位于电弧运动的后方，则称为右焊法。

应用左焊法时焊工视线不受阻碍，便于观察和控制熔池；熔深小，有利于焊接薄件；操作简单方便，初学者容易掌握。这种方法应用很普遍。应用右焊法时熔池冷却缓慢，有利于改善焊缝金属组织，减少气孔和夹渣；熔深大，适合于焊接厚度较大、熔点较高的焊件，但不易掌握，焊工一般不喜欢用。

焊枪与焊件表面成70°~80°左右的夹角，填充焊丝与焊件表面之间的夹角以10°~15°为宜，如图6-22所示。

焊接过程中，焊丝的送进方法有两种：一种是左手捏住焊丝的远端，靠左臂移动送进，但送丝时易抖动，不推荐使用；另一种方法是以左手的拇指、食指捏住焊丝，并用中指和虎口配合托住焊丝下部（便于操作的部位），需要送丝时，将弯曲捏住焊丝的拇指和食指伸直，即可将焊丝稳稳地送入焊接区，然后借助中指和虎口托住焊丝，迅速弯曲拇指、食指，向上倒换捏住焊丝，如此重复，直到焊完。

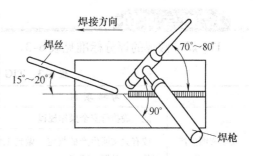

图 6-22 焊枪、焊件与焊丝之间的相对位置

4. 焊道的接头

若中途停顿或焊丝用完再继续焊接时，要用电弧把起焊处的熔池金属重新熔化，形成新的熔池后再加焊丝，并与原焊道重叠 5mm 左右。在重叠处要少添加焊丝，以避免接头过高。

平敷焊时，焊道与焊道的间距为 20 ~ 30mm。焊件焊后要检查焊接质量。焊缝表面要呈清晰和均匀的鱼鳞状焊波。

5. 收弧

收弧方法不正确时，容易产生弧坑裂纹、气孔和烧穿等缺陷。因此，应采取焊接电流衰减法，即电流自动由大到小地逐渐下降，以填满弧坑。

一般氩弧焊机都配有电流自动衰减装置。收弧时，通过焊枪上的按钮断续送电来填满弧坑。若无电流衰减装置，可采用手工操作收弧，其要领是逐渐减少焊件热量，如改变焊枪角度、稍拉长电弧、断续送电等。收弧时，填满弧坑后慢慢提起电弧直至灭弧，不要突然拉断电弧。

熄弧后，氩气会自动延时几秒钟（因焊机具有提前送气和滞后停气的控制装置），以防止金属在高温下产生氧化。

三、注意事项

填充焊丝时，焊丝的端头切勿与钨极接触，否则焊丝会被钨极沾染，熔入熔池后形成夹钨。焊丝送入熔池的落点应在熔池的前缘上，如图 6-23 所示。熔化后，将焊丝移出熔池，然后再将焊丝重复地送入熔池。但是填充焊丝时焊丝端头不能离开氩气保护区，以免灼热的焊丝端头被氧化，降低焊缝质量。

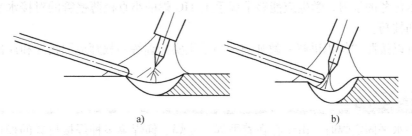

图 6-23 焊丝送入溶池的落点
a）正确 b）不正确

检测与评价

TIG 焊平敷焊的评分标准见表 6-3。

表 6-3　TIG 焊平敷焊的评分标准

考核项目		评分要求
安全文明生产	能正确执行安全操作规程	违反规定扣 1～5 分
	按有关文明生产的规定，做到工作地面整洁、工件和工具摆放整齐	违反规定扣 1～5 分
外观检查	焊缝余高（h）	0～3mm
	焊缝余高差（h_1）	$h_1 \leqslant 2mm$
	焊缝宽度（c）	$10mm < c < 12mm$
	焊缝宽度差（c_1）	$c_1 \leqslant 2mm$
	焊后角变形（θ）	$0° \leqslant \theta \leqslant 3°$
	咬边	咬边深度不大于 0.5mm，长度不大于焊缝有效长度的 10%

想一想

钨极氩弧焊通常采用哪种引弧方式？

任务三　小直径薄壁管的对接水平固定焊

训练试件图

小直径薄壁管的对接水平固定焊技能训练试件图如图 6-24 所示。

学习目标

通过本任务的学习，学生应能够掌握手工 TIG 焊的小直径薄壁管的对接水平固定焊的施焊方法和技巧。

教学可以按照"知识讲解→教师演示→学生实操训练→教师巡回指导和评价"四个环节进行。

知识学习

管对接水平固定焊时，由于存在着平焊、立焊、仰焊等多种焊接位置的操作，故也称为全位置焊接。为清楚形象地表示各点的焊接位置，常用时钟的钟点数字来表示焊接位置。焊接时，随着焊接位置的变化，熔敷金属受重力作用的方式也在改变，焊枪的角度和焊接操作时的手形、身形都在发生变化。因此，要特别注意整个焊接过程中各方位焊接操

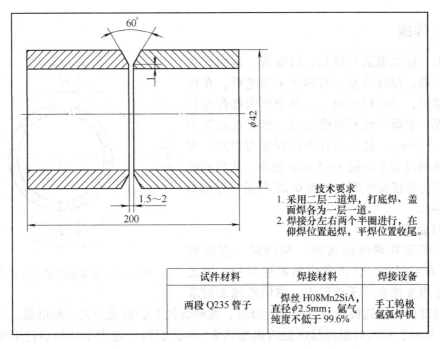

技术要求
1. 采用二层二道焊，打底焊、盖面焊各为一层一道。
2. 焊接分左右两个半圈进行，在仰焊位置起焊，平焊位置收尾。

试件材料	焊接材料	焊接设备
两段 Q235 管子	焊丝 H08Mn2SiA，直径 $\phi 2.5mm$；氩气纯度不低于 99.6%	手工钨极氩弧焊机

图 6-24 小直径薄壁管的对接水平固定焊训练试件图

作的变化与调整。焊接电流的大小要合适，严格采用短弧，控制熔池存在时间。

技能训练

一、试件清理与装配

1. 试件

管子 2 段，材料均为 Q235，每段管件尺寸为 $\phi 42mm \times 3mm \times 100mm$（外径 × 壁厚 × 管长）。要求管件圆整。

2. 焊件与焊丝清理

清理管件表面的油污、铁锈、氧化皮、水分及其他污染物，并清除毛刺，尤其对坡口及两侧各 20 ~ 30mm 范围内的油污、铁锈和氧化物等要清理干净。用砂布清除焊丝上的锈蚀及油污。

3. 装配及定位焊

装配时注意两管对平，尽量固定后进行定位焊，防止错边；装配间隙为 1. 5 ~ 2mm。采用与焊接试件相同材料的焊丝进行定位焊，采用三点定位，定位焊缝位置为时钟 3 点、9 点和 12 点，且装配最小间隙应位于时钟 6 点位置。定位焊缝长度为 10 ~ 15mm，要求焊透，保证无焊接缺陷。定位焊缝两端应预先打磨成坡口，具体要求见表 6-4。

表 6-4 坡口形式及装配要求

坡口形式	坡口角度	间 隙	钝 边	错 边 量	定位焊长度	定位焊位置
V 形	60°	1. 5 ~ 2mm	0 ~ 0. 5mm	≤0. 5mm	10mm	三点定位

二、焊接

采用二层二道进行焊接，打底焊、盖面焊各
为一层一道。焊接分左、右两个半圈进行，在仰
焊位置起焊，平焊位置收尾。每个半圈都存在仰
焊、立焊、平焊三种不同的位置。起焊点在管中
心线后5～10mm，按逆时针方向焊接右半圈，在
平焊位置越过管中心线 5～10mm 收尾，之后再按
顺时针方向焊接左半圈，如图 6-25 所示。焊接参
数见表6-5。

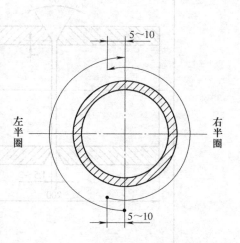

图 6-25　起弧和收尾操作示意图

1. 打底焊

（1）采用外填丝法送丝　起焊时（仅起焊
时），用右手拇指、食指和中指捏住焊枪，用无
名指和小指支撑在管子外壁上。将钨极端头对准
待引弧的部位，让钨极端头逐渐接近母材，按动焊枪上的启动开关引燃电弧，并控制弧
长为 2～3mm，对坡口根部起焊处两侧加热 2～3s，获得一定大小熔池后向熔池中填加
焊丝。

表 6-5　焊接参数

	电流/A	电弧长度/mm	钨极伸出长度/mm	喷嘴直径/mm	气体流量/L·min⁻¹
打底焊	75～85	2～3	5～7	φ10	7～8
盖面焊	90～100				

送丝速度以使焊丝所形成的熔滴与母材充分熔合并熔透正反两面的焊缝为宜。运弧和
送丝时要调整好焊枪、焊丝和焊件间的角度，该角度应随焊接位置的变化而变化，如
图 6-26所示。

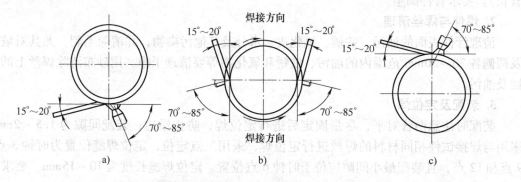

图 6-26　焊枪、焊丝和焊件相互间的角度

a）仰焊位置　b）立焊位置　c）平焊位置

焊接过程中应注意观察、控制坡口两侧熔透状态，以保证管子内壁焊缝成形均匀。焊
丝作往复运动，间断送丝进入电弧内至熔池前方，成滴状加入。焊丝送进要均匀、有规
律，焊枪移动要平稳、速度一致。右半圈焊到平焊位置时，应减薄填充金属量，使焊缝扁

平些，以便左半圈重叠平缓。灭弧前应连续送进 2 ~ 3 滴填充金属，填满弧坑以免出现缩孔，还应注意将氩弧移到坡口的一侧熄弧。灭弧后修磨起弧处和灭弧处的焊缝金属使其成缓坡形，以便于左半圈的接头。

左半圈的起焊位置应在右半圈起焊位置向后约 4 ~ 5mm 处，引燃电弧。先不加焊丝，待接头处熔化形成熔池熔孔后，在熔池前沿填加焊丝，然后向前焊接。焊至平焊位置接头处时，停止加焊丝，待原焊缝端部熔化后，再加焊丝焊接最后一个接头，填满弧坑后收弧。

（2）采用内填丝法、外填丝法结合送丝 电弧引燃后，在坡口根部间隙两侧用焊枪画圈预热。待钝边熔化形成熔孔后，将伸入到管子内侧的焊丝紧贴熔孔，在钝边两侧各送一滴熔滴。通过焊枪的横向摆动，使之形成搭桥连接的第一个熔池。此时，焊丝再紧贴熔池前沿中部填充一滴熔滴，使熔滴与母材充分熔合；熔池前方出现熔孔后，再送入另一滴熔滴，依次循环。当焊至立焊位置时，由内填丝法改为外填丝法，直至焊完右半圈底层。焊接过程中，当焊至距定位焊缝 3 ~ 5mm 时，为保证将接头焊透，焊枪应划圈，将定位焊缝熔化，然后填充 2 ~ 3 滴熔滴，将焊缝封闭后继续施焊（注意采用内填丝法定位焊时不填丝或填少量丝）。

左半圈为顺时针方向的焊接，操作方法与右半圈相同。当底层焊道的左半圈与右半圈在平位还差 3 ~ 4mm 即将封口时，停止送丝。先在封口处周围划圈预热，使之呈红热状态，然后将电弧拉回原熔池填丝焊接。封口后停止送丝继续向前施焊 5 ~ 10mm 停弧，待熔池凝固后移开焊枪。打底层焊道厚度一般以 2mm 为宜。

在焊接过程中，根据不同的焊接位置如仰焊、立焊、平焊，焊枪角度和填丝角度发生变化，具体操作如图 6-27 所示。

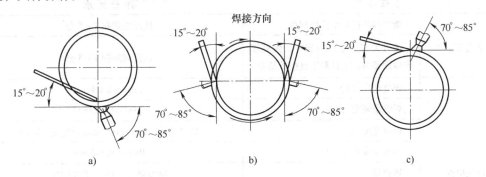

图 6-27 焊枪、焊丝和焊件相互间的角度
a）仰焊位置 b）立焊位置 c）平焊位置

2. 盖面焊

打底焊结束后，进行盖面焊。与打底焊相比，盖面焊时焊枪横向摆动幅度稍大，焊接速度稍慢。

焊枪采用月牙形摆动进行盖面焊。盖面焊时焊枪角度与打底焊时相同，填丝采用外填丝法。

在打底层焊道上时钟 6 点处引弧，焊枪作月牙形摆动。在坡口边缘及打底层焊道表面熔化并形成熔池后，开始填丝焊接。焊丝与焊枪同步摆动，在坡口两侧稍作停顿，各加一滴熔滴，并使其与母材良好熔合，如此摆动、填丝进行焊接。在仰焊部位填丝量应适当少一些，以防熔敷金属下坠；在立焊部位时，焊枪的摆动频率要适当加快，以防熔滴下淌；在平焊部位时，每次填充的焊丝要多些，以防焊缝不饱满。

整个盖面层焊接运弧要平稳，钨极端部与熔池间的距离保持在 2~3mm 之间。熔池的轮廓应对称于焊缝的中心线，若发生偏斜，应随时调整焊枪角度和电弧在坡口边缘的停留时间。

三、注意事项

1) 填充焊丝时，焊丝的端头切勿与钨极接触，否则焊丝会被钨极沾染，熔入熔池后形成夹钨。焊丝送入熔池的落点应在熔池的前缘上，被熔化后，将焊丝移出熔池，然后将焊丝重复地送入熔池。但是填充焊丝时焊丝端头不能离开氩气保护区，以免灼热的焊丝端头被氧化，降低焊缝质量。

2) 手工钨极氩弧焊时，要根据焊件的材料选取不同的电源种类和极性。这对保证焊缝质量有重要作用。

3) 手工钨极氩弧焊是双手同时操作的焊接方法，这一点有别于焊条电弧焊。操作时，双手要协调配合，才能保证焊缝的质量，因此应加强这方面基本功的训练。

检测与评价

小直径薄壁管的对接水平固定 TIG 焊的评分标准见表 6-6。

表 6-6　小直径薄壁管的对接水平固定 TIG 焊的评分标准

考核项目		评分要求
安全文明生产	能正确执行安全操作规程	违反规定扣 1~5 分
	按有关文明生产的规定，做到工作地面整洁、工件和工具摆放整齐	违反规定扣 1~5 分
外观检查	焊缝余高（h）	0mm $\leq h \leq$ 4mm
	焊缝余高差（h_1）	0mm $\leq h_1 \leq$ 3mm
	焊缝宽度（c）	坡口宽度 +0.5mm $\leq c \leq$ 坡口宽度 +2mm
	焊缝宽度差（c_1）	0mm $\leq c_1 \leq$ 3mm
	错边量	错边量 ≤ 工件厚度的 10%
	咬边	咬边深度 ≤ 0.5mm，咬边长度 ≤ 总长度的 10%
	夹渣	无
	气孔	无
	未熔合	无
	未焊透	无
	凹陷	正面无；背面深度 ≤ 0.5mm，长度 ≤ 13mm
弯曲试验（依照 GB/T 2653—2008《焊接接头弯曲试验方法》）		面弯、背弯各一件，角度 90°
通球直径		$\phi = 27mm$

想一想

简述小直径薄壁管的对接水平固定 TIG 焊的特点。

任务四　管子对接垂直固定焊

训练试件图

管子对接垂直固定 TIG 焊训练试件图如图 6-28 所示。

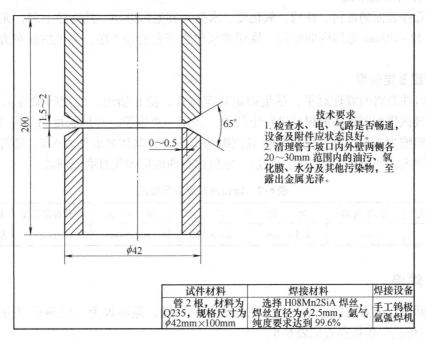

技术要求
1. 检查水、电、气路是否畅通，设备及附件应状态良好。
2. 清理管子坡口内外壁两侧各 20～30mm 范围内的油污、氧化膜、水分及其他污染物，至露出金属光泽。

试件材料	焊接材料	焊接设备
管 2 根，材料为 Q235，规格尺寸为 $\phi42mm\times100mm$	选择 H08Mn2SiA 焊丝，焊丝直径为 $\phi2.5mm$，氩气纯度要求达到 99.6%	手工钨极氩弧焊机

图 6-28　管子对接垂直固定 TIG 焊训练试件图

学习目标

通过本任务的学习，学生应能够掌握管子对接垂直固定 TIG 焊的施焊方法和技巧。

教学可以按照"知识讲解→教师演示→学生实操训练→教师巡回指导和评价"四个环节进行。

知识学习

管子对接垂直固定焊的实质是横焊，区别在于焊缝是圆弧形。操作者的选位和工件在工装上的位置高低很关键，一个位置尽可能多焊，避免出现过多的熄弧，即过多的焊缝接头。为保证背面焊缝成形良好，打底焊时，电弧中心应对准上坡口，同时送丝位置要准确，焊接速度要快，以尽量缩短熔池存在的时间。焊接过程中，若熔孔不明显，则应暂停送丝，待出现明亮清晰的熔孔后再送丝；若熔孔过大，金属液易下坠，可利用电流衰减功能控制熔池的温度，从而缩小熔孔。为保证焊缝成形的一致性，要求焊接时焊枪的角度随焊接管件外表面圆弧位置的改变而改变。另外，为了保证焊接操作过程中的可视性和可达性好，焊接时，手腕要转动，身体的上半部分也要随之作圆弧状移动。

技能训练

一、试件清理与装配

1. 焊接材料

管子两段，材料均为 Q235，每段管件尺寸为 $\phi42mm \times 3mm \times 100mm$。要求管件圆整。

2. 焊件与焊丝清理

清理管件表面的油污、铁锈、氧化皮、水分及其他污染物，并清除毛刺，尤其对坡口和两侧各 20～30mm 范围内的油污、铁锈和氧化物等要清理干净。焊丝用砂布清除锈蚀及油污。

3. 装配及定位焊

装配时注意将两管件对平，尽量固定后定位焊，防止错边，装配间隙为 1.5～2mm。采用与焊接试件相同材料的焊丝进行定位焊，采用一点定位，焊缝长度为 10～15mm，并保证该处间隙为 2mm，与它间隔 180°处间隙为 1.5mm，具体要求见表6-7。使管子轴线垂直并加以固定，间隙小的一侧位于右边。定位焊点两端应预先打磨成斜坡。

表6-7　坡口形式及装配要求

坡口形式	坡口角度	间　隙	钝　边	错　边　量	定位焊缝长度	定位焊位置
V 形	60°	1.5～2mm	0～0.5mm	≤0.5mm	10mm	左侧（一点）

二、焊接

采用两层三道方式进行焊接，打底焊为一层一道，盖面焊为一层两道（分上、下两道），左向焊法。焊接参数见表6-8。

表6-8　焊接参数

工件厚度/mm	焊接层数	焊丝直径/mm	钨极直径/mm	焊接电流/A	气体流量/L·min^{-1}
5	打底焊	$\phi2.5$	$\phi2.4$	75～85	8～10
	盖面焊			90～100	7～9

1. 打底焊

打底焊时焊枪角度如图6-29所示。首先在右侧间隙较小处引弧，先不添加焊丝，待坡口根部熔化、形成熔池和熔孔后开始添加焊丝。当焊丝端部熔化形成熔滴后，将焊丝轻轻向熔池里推一下，并向管内摆动，将钢液送到坡口根部，以保证背面焊缝的高度。填充焊丝时，焊枪作小幅度横向摆动，并向左均匀移动。小管子对接垂直固定打底焊时，熔池的热量要集中在坡口的下部，以防止上部过热，母材熔化过多，产生咬边或焊缝背面下坠等缺陷。

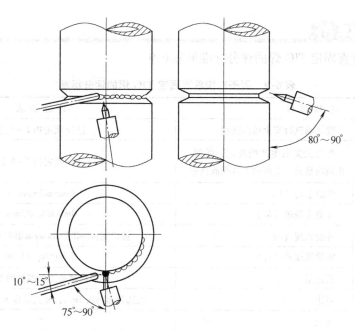

图 6-29 打底焊时焊枪角度

2. 盖面焊

盖面焊由上、下两道焊道组成，先焊下面的焊道。焊枪角度如图 6-30 所示。焊下面的盖面焊道时，电弧对准打底焊道下沿，使熔池的上沿在打底焊道的 1/2 ~ 2/3 处，熔池的下沿超出管子坡口下棱边 0.5 ~ 1.5mm。

焊上面的焊道时，电弧对准打底焊道的上沿，使熔池的上沿超出管子坡口上棱边 0.5 ~ 1.5mm，熔池的下沿与下面的盖面焊焊道圆滑过渡。焊接速度要适当加快，送丝频率加快，适当减少送丝量，防止焊缝下坠。

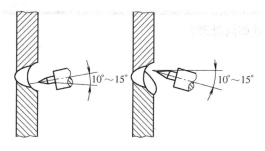

图 6-30 盖面焊焊枪角度

三、注意事项

焊丝与钨极发生触碰的处理流程如下。

焊丝与钨极发生触碰后，会瞬间短路而造成焊缝污染和夹钨。此时，应立即停止焊接，用砂轮磨去被污染处，直至露出金属光泽，重新磨尖被污染的钨极后，方可继续焊接。

金属加工与实训——焊工实训

检测与评价

管子对接垂直固定 TIG 焊的评分标准见表6-9。

表6-9　管子对接垂直固定 TIG 焊的评分标准

考核项目		评分要求
安全文明生产	能正确执行安全操作规程	违反规定扣 1~5 分
	按有关文明生产的规定，做到工作地面整洁、工件和工具摆放整齐	违反规定扣 1~5 分
外观检查	焊缝余高（h）	0mm $\leq h \leq$ 4mm
	焊缝余高差（h_1）	0mm $\leq h_1 \leq$ 3mm
	焊缝宽度（c）	坡口宽度 +0.5mm $\leq c \leq$ 坡口宽度 +2mm
	焊缝宽度差（c_1）	0mm $\leq c_1 \leq$ 3mm
	错边量	错边量 $\leq$ 工件厚度的 10%
	咬边	咬边深度 $\leq$ 0.5mm，咬边长度 $\leq$ 总长度的 10%
	夹渣	无
	气孔	无
	未熔合	无
	未焊透	无
	凹陷	正面无；背面深度 $\leq$ 0.5mm，长度 $\leq$ 13mm
弯曲试验（依照 GB/T 2653—2008《焊接接头弯曲试验方法》）		面弯、背弯各一件，角度90°
通球直径		$\phi = 27$mm

想一想

焊丝与钨极发生触碰如何处理？

166

模块七 综合训练

任务一 备 料

训练试件图

综合训练试件图如图 7-1 所示。

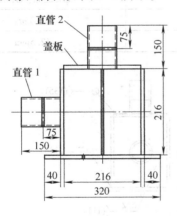
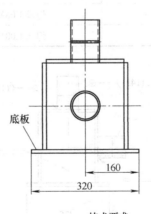

技术要求

1. 容器中的板材对接定位焊在坡口内的两端进行，罐子焊口组对时，应使内壁平齐，不得强力组对。组对符合要求后，即可进行定位焊。定位焊缝长度应小于 10mm，高不得超过壁厚的 2/3。

2. 容器的焊接在操作平台上进行，允许以垂直轴线转动或平移，不得翻转容器。

3. 严格按照图 7-2 和表 7-3 所要求的焊接方法和焊接位置进行焊接。

4. 焊接过程中，焊件不得取下、移动或随意改变焊接位置。

5. 平焊缝余高 ≤3mm；立焊缝、横焊缝和管的余高 ≤4mm；焊角尺寸 (12mm 厚板) $K \geq$ 8.5mm，管板焊角尺寸 $K \geq 4$mm。

图 7-1 板/管组焊训练试件图

表 7-1　组焊容器材料清单

序号	名　称	尺寸/mm	数　量	材　质	备　注
1	底板	□320 × 100 × 12 □320 × 220 × 12	1	Q235	对接边开30°坡口 （对接平焊后再组装）
2	立板1	□216 × 216 × 12	1	Q235	中心开孔 φ50mm（孔内径）
3	立板2	□216 × 108 × 12	2	Q235	对接边开30°坡口 （组装后焊缝处于立焊位）
4	立板3	□216 × 108 × 12	2	Q235	板对接边开30°坡口 （组装后处于对接横焊位）
5	立板4	□216 × 216 × 12	1	Q235	
6	盖板	□216 × 216 × 12	1	Q235	中心开孔 φ58mm（孔内径）
7	直管1	φ57 × 3.5 × 75	2	20	每段管的一端都开30°坡口 其中一段管另一边缘开45°～55°的坡口
8	直管2	φ57 × 3.5 × 75	2	20	每段管的一端都开30°坡口

表 7-2　焊接材料

焊接方法	焊接材料	规　格
焊条电弧焊	E5015（J507）	φ3.2mm、φ4mm
CO_2 气体保护焊	焊丝 H08Mn2Si	φ1.0mm
手工钨极氩弧焊	焊丝 H08Mn2Si	φ2.5mm

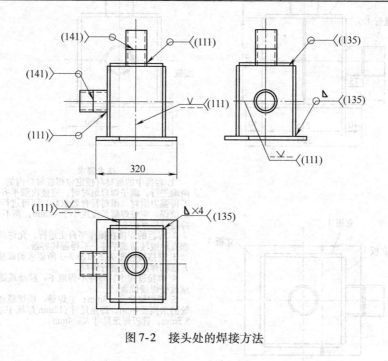

图 7-2　接头处的焊接方法

 小知识

几种常用焊接方法代号及英文缩写

1. 焊条电弧焊：111（SMAW）。

2. 钨极惰性气体保护焊：141（TIG）。

3. 熔化极惰性气体保护焊：131（MIG）。

4. 熔化极非惰性气体保护焊（含 CO_2 焊）：135（MAG）。

5. 非惰性气体保护药芯焊丝电弧焊：136（FCAW）。

6. 埋弧焊：12（SAW）。

7. 氧乙炔焊：311（OAW）。

8. 电阻焊：2（RW）。

表 7-3 组焊容器各组件的装配方式与焊接方法

序　号	名称试件	装配方式与焊接方法
1	底板	焊条电弧焊对接平焊单面焊双面成形
2	立板 1、2、3、4	CO_2 气体保护焊立角焊
3	立板与底板	CO_2 气体保护焊平角焊（3 层 6 道）
4	立板 3	两块立板在容器组对完成后，用焊条电弧焊焊接 进行对接横焊单面焊双面成形
5	盖板与立板	CO_2 气体保护焊平角焊
6	直管 1 与立板 1	焊条电弧焊：管板骑座式，单面焊双面成形
7	直管 2 与盖板	焊条电弧焊：管板插入式，外 2 层
8	立板 2	焊条电弧焊对接立焊
9	直管 1	钨极氩弧焊（水平固定）
10	直管 2	钨极氩弧焊（垂直固定）

学习目标

此综合训练项目是全封闭的板/管结构，整体尺寸约 430mm×320mm×370mm，钢板厚度 12mm，管壁厚 3.5mm，包含焊条电弧焊、CO_2 气体保护焊、钨极氩弧焊三种焊接方法；板的平、横、立对接焊，管与板水平固定与垂直固定焊条电弧焊；管与管的水平固定和垂直固定钨极氩弧焊；板与板的平角及立角 CO_2 气体保护焊。

知识学习

组焊容器的制作程序如下：

备料（核对材质、规格；钢材矫正、划线、下料、管子切割、坡口加工）→组件预组装（各组装件的组对和总装）→焊接→检验。

一、划线

划线是根据设计图样上的图形和尺寸，准确地按1:1比例在待下料的钢材表面上划出加工界线的过程。

将钢板矫正，除去表面上过多的铁锈、油污等。然后按照图样尺寸进行划线。分别画出清单上的零件尺寸，并在界限处打上样冲眼作为标记，用记号笔标注容器组件序号。

划线时注意事项：

1）垂线必须用作图法，划线针或石笔应紧抵直尺或样板边沿。

2）在钢板上划圆或分量尺寸先打样冲眼，以防圆规尖滑动。

3）先画基准线，后由外向内，从上到下，从左到右顺序划线。

4）划线前应将材料垫平、放稳。

5）划线时应标注各种下道工序用线，比较重要的装配位置线应加以适当标记以免混淆。

6）钢板两边不垂直时必须去边。划尺寸较大的矩形时，应检查对角线。

7）划线毛坯应注明产品的名称。

8）合理排料，提高材料的利用率。

二、下料

下料是用各种方法将毛坯或工件从原材料上分离下来的工序。下料分为手工下料和机械下料。手工下料的方法主要有刻切、锯削、气割等。机械下料的方法有剪切、冲裁等。

常用的下料方法如下：

（1）剪板机下料 板的加工尺寸界限画好后，可以在剪板机上进行下料。得到长×宽×厚分别为 320mm×100mm×12mm 和 320mm×220mm×12mm 的板各一块；216mm×108mm×12mm 板四块；216mm× 216mm×12mm 的板三块。

（2）锯割 划好界线的管可用无齿锯按加工尺寸线下料，如图 7-3 所示。得到 ϕ57mm×3.5mm× 75mm 的管四段。

图 7-3 无齿锯

（3）机械加工 在立板 1 和盖板上分别加工出 ϕ57mm 和 ϕ58mm 的孔。

（4）气割 盖板、底板及立板坡口的加工可用气割方法来完成。

三、坡口加工及打磨

1. 管子、管板坡口加工及打磨

管子、管板坡口的加工宜采用机械加工的方法。管子一端开 30°坡口，不需要钝边，形状如图 7-4 所示。然后将管子坡口内外两侧 20mm 范围内的油污、水、毛刺等污物清理干净，如图 7-5 所示。另外，管子不开坡口端的外表面 20mm 范围内也要进行打磨，为后续的焊接做准备。盖板和立板 1 的孔边缘 20mm 范围内及断面区也要进行打磨。

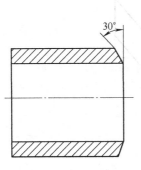

图 7-4 管子坡口形式

图 7-5 焊前打磨

2. 板坡口加工

在半自动气割机上，将需要对接焊的底板、立板 2 和立板 3 对接面开 30°坡口，坡口形式如图 7-6 所示。

坡口加工完以后，用角向砂轮将待焊部位外表面 15 ~ 20mm 范围内进行打磨，使之呈现出金属光泽，待焊部位端部也应进行打磨，如图 7-7 所示。需留钝边时，用砂轮进行打磨，使钝边尺寸保持在 1 ~ 1.5mm。立板、盖板及底板的焊接区都应进行打磨。

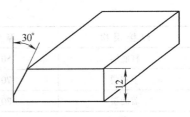

图 7-6 坡口形式

图 7-7 对接板的打磨

任务二 预 组 装

技能训练

一、底板的对接平焊

（1）装配 将 320mm × 100mm × 12mm 和 320mm × 220mm × 12mm 的板组对在一起，起始端间隙为 3.2mm，末端间隙为 4.0mm，如图 7-8 所示。错边量 ≤1.0mm。

（2）定位焊 采用与焊接试件相同牌号的焊条，将装配好的试件在端部进行定位焊，并在试件正面两端定位焊，焊缝长度 ≤10mm。

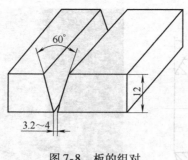

图7-8　板的组对

（3）预制反变形　预留反变形量3°~4°。

（4）焊接（三层三道焊）　采用连弧锯齿形焊接，焊接参数见表7-4。

表7-4　对接平焊焊接参数

焊 接 层 次	焊 条 角 度	焊条直径/mm	焊接电流/A
打底层	50°~70°	ϕ3.2mm	80~90
填充层	70°~80°	ϕ4mm	170~180
盖面层	80°~90°	ϕ4mm	165~175

二、组件分装

1. 立板2的组对（板对接立焊）

将打磨好的试板取出两块216mm×108mm×12mm的板，装配成始焊端间隙为3.0mm，终焊端为3.2mm。错边量≤1mm。反变形量为3°~4°。采用J507ϕ3.2mm的焊条，将装配好的试件在焊缝内侧两端部进行定位焊，焊缝长度≤10mm，如图7-9所示。

2. 立板3的组对（板对接横焊）

将两块216mm×108mm×12mm板进行装配，保证始焊端间隙为2.8mm，终焊端为3.2mm。上坡口留有钝边1~1.5mm，下坡口没有钝边。错边量≤1mm，反变形角度为5°，如图7-10所示。定位焊要求同立板2。

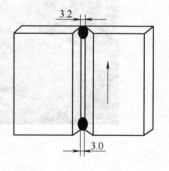

图7-9　立板2的组对

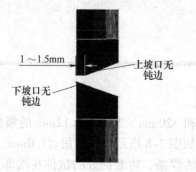
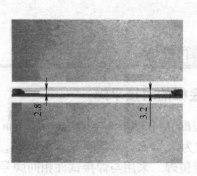

图7-10　立板3的组对

3. 直管 1 与直管 2 的装配

直管 1 和直管 2 分别由两段尺寸相等的管子连接而成。每段管件尺寸为 $\phi57mm \times 3.5mm \times 75mm$（外径×壁厚×管长）。要求管件圆整。

装配时注意对平，尽量固定后进行定位焊，防止错边；装配间隙为 $2\sim2.5mm$。采用与焊接试件相同的焊丝进行定位焊，一点定位，即在间隙最大处进行定位，如图 7-11 所示。装配时，间隙大的一端位于时钟的 12 点位置；间隙小的一端位于时钟 6 点位置。焊点焊缝长度不得大于 10mm，要求焊透并无焊接缺陷。定位焊焊点两端应预先打磨成斜坡。

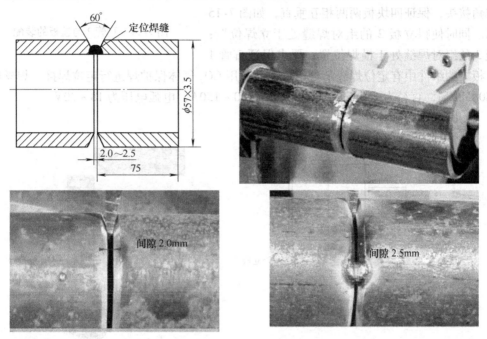

图 7-11　直管的组对及定位焊

4. 直管 1 与立板 1 的装配（管板骑座式）

直管 1 中间隙小的一端位于底部，如图 7-12 所示。管板装配采用两点定位，定位焊点分别处于时钟的 10 点和 2 点位置，A 点为起焊点，如图 7-13 所示。

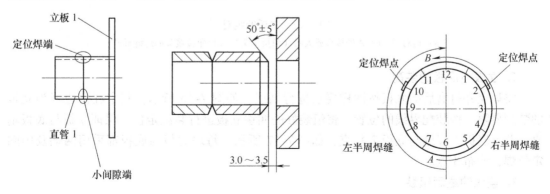

图 7-12　立板 1 与直管 1 的装配　　　　　图 7-13　立板 1 与直管 1 的定位焊

5. 直管 2 与盖板的装配（管板插入式）

直管 2 的装配与直管 1 的装配方法相同，然后再和盖板组装在一起，进行两点定位，定位方式和直管 1 与立板 1 相同，并保证管与盖板垂直，如图 7-14 所示。

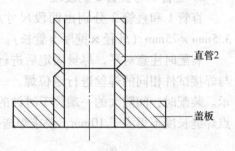

图 7-14 直管 2 与盖板的装配

6. 四块立板的组对

将组对好的四块立板按图样要求组装在一起，形成角接头，保证四块板两两相互垂直，如图 7-15 所示。同时使得立板 2 的组对焊缝处于立焊位置；立板 3 的组对焊缝处于横焊位置；要求保证直管 1 与立板 1 的组件中有定位焊缝端处于最上面。用 CO_2 气体保护焊进行定位焊接，焊丝牌号为 H08Mn2Si，直径为 1.0mm，焊接电流为 130~150A，电弧电压为 18~20V。

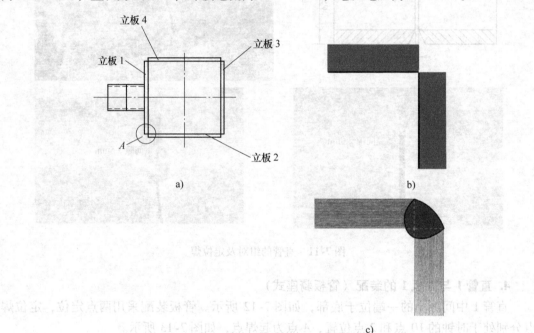

图 7-15 立板的组对

a）组对图 b）A 处接头放大图（角接接头） c）角接接头的焊缝形式

7. 立板与底板的装配

将焊完并打磨后的底板按图样要求进行划线，如图 7-16 所示，其中红色边框为立板的装配界限。按装配界线的位置，将组装好的四块立板进行装配定位，保证立板与底板垂直，并且底板上焊缝与立板 2 垂直，如图 7-17 所示。每块立板与底板都采用两端及中间定位焊，均布 3 点。

8. 盖板的最后组装

其他部件组装完成后，最后组装盖板，保证与四块立板垂直的同时，还要确保与立板无间隙，形成如图 7-15 所示的角接接头。

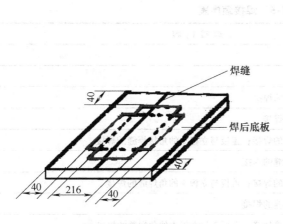

图 7-16 划线后的底板

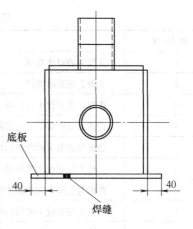

图 7-17 立板与底板装配后

任务三 焊 接

焊缝布置图

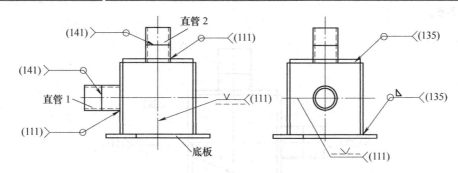

图 7-18 焊接方法及焊缝位置布置图

技能训练

容器的所有组件组对之后，为了减少焊接变形，要严格按照图 7-18 及表 7-5 的焊接方法和顺序进行焊接。

表 7-5　焊接顺序表

焊 接 顺 序	焊 接 内 容
1	立板 2 的对接立焊
2	立板 3 的对接横焊
3	直管 1 及直管 1 与立板 1 的焊接
4	直管 2 及直管 2 与盖板的焊接
5	盖板与立板 1 的角接焊缝的焊接；盖板与立板 2 的角接焊缝的焊接
6	立板 1 与立板 2 的角接焊缝的焊接
7	盖板与立板 3 的角接焊缝的焊接；盖板与立板 4 的焊缝的焊接
8	立板 3 与立板 4 的角接焊缝的焊接
9	焊接立板 1 与立板 3 的角接焊缝；立板 2 与立板 4 的角焊缝的焊接
10	立板与底板的平角焊

一、焊条电弧焊

1. 立板 2 对接立焊

所有的焊件都装配完以后，首先焊立板 2 的立位焊缝，如图 7-19 所示，选用 E5015（J507）碱性焊条，焊条直径为 $\phi3.2mm$，采用连弧锯齿形运条法，三层三道焊，焊接参数见表 7-6。

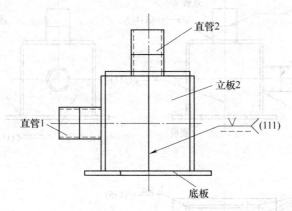

图 7-19　立板 2 对接立焊

表 7-6　平对接立焊焊接参数

焊 接 层 次	焊 条 角 度	焊条直径/mm	焊接电流/A
打底层	50°~70°	$\phi3.2mm$	80~90
填充层	70°~80°	$\phi3.2mm$	115~125
盖面层	80°~90°	$\phi3.2mm$	105~115

焊接时，应选择合适的焊接电流、运条方式，并控制好焊条角度和摆动幅度。

焊条摆动要均匀，采用短弧焊接，焊条运动到坡口边缘要停顿，才能使焊缝外观成形美观，圆滑过渡。填充层焊接必须保证两坡口的边缘棱线完好无损，并低于被焊母材表面

1~1.5mm，以利于盖面层的焊接。要求焊道平整光滑，控制角变形。

2. 立板 3 对接横焊

如图7-20所示虚线段为立板3的横焊缝。采用焊条电弧焊，分四层十道焊，如图7-21所示。焊接参数参照表7-7。

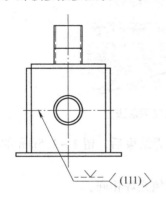

图 7-20 立板 3 横焊缝位置

图 7-21 焊道分布

表 7-7 对接横焊焊接参数

焊接层次	焊接道数	焊条直径/mm	焊接电流/A
打底层	①	φ3.2mm	85~95
填充层	第一层 ②③	φ3.2mm	115~130
	第二层 ④⑤⑥	φ3.2mm	115~130
盖面层	⑦⑧⑨⑩	φ3.2mm	105~125

（1）打底层的焊接 采用连弧锯齿形焊接法，焊条角度如图7-22所示，焊条与焊接方向成70°~80°夹角；与焊缝下方的板成80°~90°角。焊接时在上坡口处多停顿，使上坡口熔化1~1.5mm，避免产生咬边。在下坡口处停留时间要少或不停留，使下坡口熔化0~0.5mm，避免产生焊瘤和未焊透。

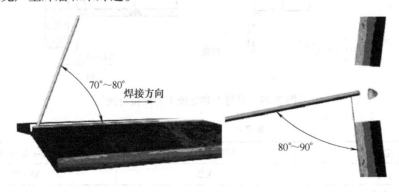

70°~80° 焊接方向

80°~90°

图 7-22 焊条角度

（2）填充层 第一层填充层，焊接道数为②③道。采用直线型或直线往复型运条方式，如图7-23所示。焊条与焊接方向成70°~80°夹角；第②道焊缝，焊条与焊缝下方的板呈 90°角，第③道焊缝比第②道焊缝夹角减少 5°左右，并压住前道焊缝 1/2 左右。

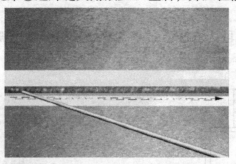

图 7-23　直线或直线往复运条法

第二层填充焊与第一层填充焊要求相同。盖面焊结束后，留 1~1.5mm 的棱边，不得熔化棱边，为盖面焊时能看清棱边打下基础。

（3）盖面焊　盖面焊的焊条角度及运条方式与填充焊相同。

注意：

为得到良好的背面成型焊缝，焊条角度和向前移动的距离不宜过大；更换焊条时速度要快，采用热接头。

3. 直管 1 和立板 1 的焊接（骑座式水平固定焊）

在直管 1 焊接完成后，焊接直管 1 和立板 1，图 7-24a 中的箭头指向为此次焊缝处，图 7-24b 为装配后的剖面图。采用焊条电弧焊两层两道焊的方式。选用 E5015（J507）焊条，焊接参数见表 7-8。

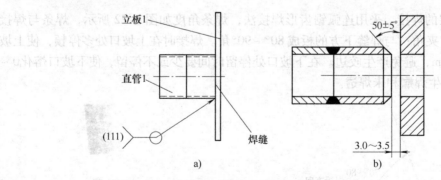

图 7-24　直管 1 和立板 1 的焊接方法

表 7-8　管板的焊接参数

焊 接 层 数	焊条直径/mm	焊接电流/A
打底层	3.2	85~95
盖面层	4.0	155~165

（1）打底层的焊接　打底层的焊接，焊条直径为 φ3.2mm，焊接电流为 85~95A。将管板分左右两半周进行焊接，先焊左半周，后焊右半周。从焊件的 7 点钟处开始引弧，稍预热后，向上顶送焊条实施焊接，焊条和立板 1 成 45°角，如图 7-25 所示。在接近一点钟位置熄

弧。当一根焊条焊接结束收尾时，要将弧坑引到外侧，否则在弧坑处往往会产生缩孔。

（2）盖面焊　打底层焊完后，可用角向磨光机进行清渣，再磨去接头处过高的焊缝，然后进行盖面焊。盖面焊的焊接顺序与打底焊相同，采用 E5015（J507）焊条，焊条直径为 $\phi4.0$mm，焊接电流为 155～165A，焊条与平板的倾角为 40°～45°，采用小锯齿形运条法，摆动幅度要均匀，并在两侧稍停留，保证焊缝焊脚均匀，无咬边等缺陷。

4. 直管 2 和盖板的焊接（插入式管板垂直固定焊）

直管 2 环焊缝焊完以后，再焊接直管 2 和盖板，焊缝位置及形式如图 7-26 所示，采用焊条电弧焊两层两道焊的方式焊接。选用 E5015（J507）碱性焊条。在间隙小的一端开始引弧并采用连弧焊，焊角高度 $K=4$mm，焊接参数见表 7-9。

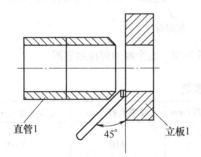

图 7-25　管板的打底焊角度

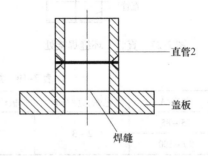

图 7-26　直管 2 和盖板的焊缝位置及形式

表 7-9　插入式管板的焊接参数

焊道分布	焊接层数	焊条直径/mm	焊接电流/A
	第一层	3.2	80～90
	第二层	4.0	155～165

管对接垂直固定焊的实质是横焊，区别在于焊缝是圆弧形；操作者的选位与工件在工装上的位置高低有关。为保证背面焊缝成形良好，焊第一层时，电弧中心应对准上坡口，焊条做小幅度锯齿形摆动，焊接速度要快，尽量缩短熔池存在的时间，不要求焊透。

为保证焊缝成形的一致性，要求焊接时焊枪的角度随焊接管件外表面圆弧位置的改变而改变。另外，为了保证焊接操作过程中的可视性和可焊到性，焊接时，手腕要转动，身体的上半部分也随之做圆弧状移动。

第二层的焊接同第一层，焊条摆动幅度加大，同时注意焊条与管及板边缘的停留时间，避免产生咬边和未熔合等缺陷。

二、手工钨极氩弧焊

1. 直管 1 环缝的焊接（水平固定钨极氩弧焊）

直管 1 环缝的焊接方法和位置如图 7-27 所示，由于管子壁厚为 3.5mm，因此可采用手工钨极氩弧焊两层二道焊的焊接方式，焊丝牌号为 H08Mn2Si，焊丝直径为 $\phi2.5$mm。打底层、盖面层各为一层一道，焊接参数见表7-10。焊接分左、右两个半圈进行，先焊右半圈，在时钟的7点位置即A点起焊，11点位置即B点处收尾，如图7-28所示。

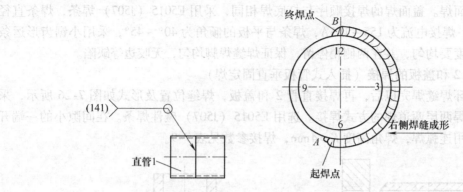

图7-27　直管1环缝焊接处　　　　图7-28　右半圈的焊接示意图

表7-10　焊接参数

焊接层次	电流/A	电弧长度/mm	钨极伸出长度/mm	喷嘴直径/mm	气体流量/L·min⁻¹
打底焊	75~85	2~3	5~7	φ10	7~8
盖面焊	90~100				

打底层焊接时，可采用外填丝法送丝。送丝速度以满足焊丝所形成的熔滴与母材充分熔合，并得到熔透正反两面的焊缝为宜。运弧和送丝要调整好焊枪、焊丝和焊件相互间的角度，该角度应随焊接位置的变化而变化。

盖面焊时，采用月牙形摆动进行盖面焊，焊枪角度与打底焊时相同，采用外填丝法。在打底层焊道上位于时钟6点处引弧，焊枪作月牙形摆动，在坡口边缘及打底层焊道表面熔化并形成熔池后，开始填丝焊接。整个盖面层焊接运弧要平稳，钨极端部与熔池距离保持在2~3mm之间，熔池的轮廓应对称焊缝的中心线。

2. 直管2环缝的焊接（垂直固定钨极氩弧焊）

直管2环缝的焊接方法和位置如图7-29所示，采用手工钨极氩弧焊垂直固定焊，焊丝牌号为H08Mn2Si，焊丝直径为φ2.5mm。管对接垂直固定焊的实质是横焊，区别在于焊缝是圆弧形；操作者的选位和工件在工装上的位置高低有关。由于管子壁厚为3.5mm，采用两层三道进行焊接，打底焊为一层一道，盖面焊为一层两道（分上、下两道），左向焊法。焊接参数见表7-11。焊接时焊枪角度参照图6-29及图6-30所示。

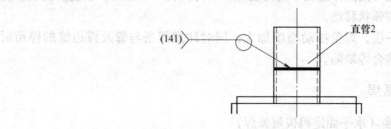

图7-29　直管2环缝的焊接方法及位置

表 7-11　焊接参数

焊接层次	电流/A	电弧长度/mm	钨极伸出长度/mm	喷嘴直径/mm	气体流量/L·min^{-1}
打底焊	65~75	2~3	5~7	$\phi10$	7~9
盖面焊	75~85				

 注意：

1）焊丝送进要均匀、规律，焊枪移动要平稳，速度一致。

2）为避免出现缩孔，灭弧前应连续送进2~3滴填充金属以填满弧坑。

3）焊接过程中应注意观察、控制好坡口两侧熔透状态，以保证管子内壁焊缝成形均匀。

4）钨极被污染或磨损后要进行磨削后方可继续使用。

三、CO$_2$ 气体保护焊

1. 盖板与立板1、立板2的焊接

将直管与板焊接完以后，再焊接立板和盖板。首先焊两块立板与盖板的角焊缝，然后焊两块立板所形成的立角焊缝。图7-30所示为盖板与立板1、立板2焊接形成的两道焊缝。采用CO$_2$气体保护焊三层六道焊，焊丝牌号为H08Mn2Si，直径$\phi1.0$mm，焊接电流140~150A，电弧电压为19~20V，气体流量为10~15L/min，焊丝伸出长度为10~15mm，焊角高度$K=10$mm。

（1）第一层焊接　焊枪与盖板成45°角，在距接头点右边10~15mm处引燃电弧后，快速移至始焊点。焊丝要对准根部，电弧停留时间要长些，待试件夹角处完全熔化产生熔池后，开始向左焊接，采用小锯齿形摆动。

（2）第二层的焊接　第二层采用一层两道焊，用左向焊法，直线或直线往复型运条方式。第二层中的第一道先焊靠近立板端面的焊道，焊接时焊丝要对准打底层焊缝下趾部，保证电弧在打底焊道和底板夹角处燃烧，防止未熔合产生。焊枪与底板夹角为40°~50°。

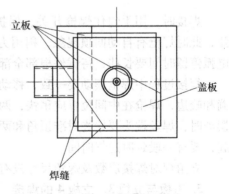

图 7-30　焊缝位置

第二层中的第二道焊接时，焊缝熔池下边缘要压住前一层焊缝的1/2，上边缘要均匀熔化侧板母材，保证焊直不咬边。

（3）第三层的焊接　焊前先将填充层焊缝周围飞溅和不平的地方修平。采用左焊法，一层三道焊接，同第二层焊法一样。第三层第一道焊缝先焊靠近底板的焊道，焊枪角度与第二层相同。

 注意：

1）焊枪在中间位置稍快，两端稍加停留，熔池下缘稍靠前方，保持两侧焊脚熔化一致,防止铁水下坠。

2)保持焊枪正确的角度和合适的焊接速度,防止焊缝下垂、未熔合等缺陷;如果焊接速度过快,则会引起焊缝的咬边。

3)收弧时要填满弧坑,防止产生弧坑裂纹、气孔等缺陷。

4)焊接过程中,焊接速度要均匀,注意角焊缝边缘熔合一致,保证焊缝焊不跑偏。

2. 立板 1 与立板 2 的焊接

盖板与立板 1 和盖板与立板 2 焊接完成后,焊接立板 1 与立板 2 的立角焊缝。同样是采用 CO_2 气体保护焊的方法焊接,焊丝牌号为 H08Mn2Si,直径 $\phi1.0mm$,焊接电流 140 ~ 150A,气体流量为 10 ~ 15L/min,电弧电压为 19 ~ 20V。

采用立向上焊接,焊枪位置十分重要,焊枪放置在试件下端距始焊点 15 ~ 20mm 处,与两侧焊件夹角为 45°,焊缝倾角为 70° ~ 80°,如图 7-31 所示。

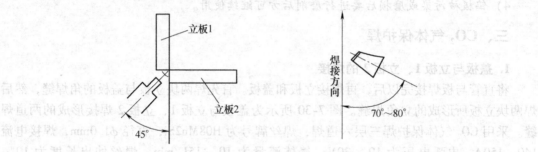

图 7-31　焊枪角度

焊接时,用手勾住焊枪开关,保护气体喷出,焊丝向外伸长,焊丝接触焊件引燃电弧,此时焊枪有自动回顶现象,稍用力拖住焊枪,然后快速移至焊点。焊丝要对准根部,电弧停留时间要长些,待试件根部全部熔化产生熔池后,开始向上焊接。

焊接过程中焊枪摆动要一致,移动速度要均匀,同时保证焊枪的角度。为避免铁液下淌和咬边,焊枪在中间位置应稍快,两端焊趾处要稍加停留。焊接过程中,焊枪做锯齿形摆动时,焊丝端头要始终对准顶角和两侧焊趾,以获得较大熔深。收弧后焊枪不能立即抬起,要有一段延时送气时间。

立角焊对焊接层数及焊角尺寸没有太严格的要求,直至把焊道焊满为止。

3. 盖板与立板 3、立板 4 的焊接

立板 1 与立板 2 立角焊接完成以后,接下来焊接盖板与其他两块立板。图 7-32 所示为盖板与立板 3、立板 4 焊接形成的两道焊缝。采用 CO_2 气体保护焊,共三层六道。焊丝牌号为 H08Mn2Si,直径 $\phi1.0mm$,焊接电流 140 ~ 150A,电弧电压为 19 ~ 20V,气体流量为 10 ~ 15L/min,焊角高度 $K = 10mm$。

焊接方法及注意事项和焊接盖板与立板 1 的角接焊缝相同。在焊接过程中要注意控制焊接变形,对已经发生变形的部位,焊前要做好矫正,

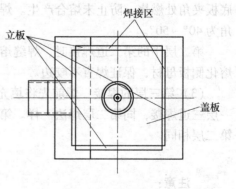

图 7-32　焊缝位置

尽量避免强行焊接。

4. 立板 3 与立板 4 的焊接

立板 3、立板 4 与盖板焊接结束后，为了减小变形和降低应力，接下来应该焊接立板 3 与立板 4 的角接焊缝，同样采用 CO_2 气体保护焊，如图 7-33 所示。焊接参数与焊接立板 1 和立板相同，立向上焊接。焊接时注意控制好焊枪的角度和焊丝伸出长度，以保证焊缝成形良好。

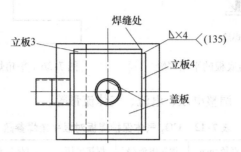

图 7-33　立板 3 与立板 4 的角接焊缝

5. 立板 2 与立板 3 和立板 1 与立板 4 的焊接

立板 3 与立板 4 焊接结束后，再焊接立板 2 与立板 3 或立板 1 与立板 4 的角焊缝，如图 7-34 所示。焊接方法及焊接参数同立板 1 与立板 2 的焊接。

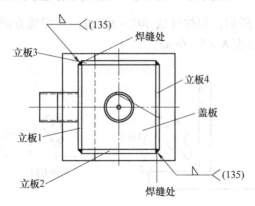

图 7-34　立板 2 与立板 3 和立板 1 与立板 4 的角接焊缝

立角焊时，为避免铁液下淌和咬边，焊枪在中间位置应稍快，两端焊趾处要稍加停留。焊接过程中，焊枪做锯齿形摆动时，焊丝端头要始终对准顶角和两侧焊趾，以获得较大熔深。

6. 立板与底板的焊接

容器组合结构焊缝都焊接完成后，最后焊接所有立板与底板的平角焊缝。焊接四条平角焊缝时要注意焊接顺序，焊缝要对称焊接，若先焊立板 1 与底板的焊缝，接下来就应焊接立板 3 与底板的焊缝，然后再焊接其他两道焊缝，以免产生焊接变形。焊接方法及焊缝如图 7-35 所示，采用 CO_2 气体保护焊，共三层六道，焊道分布如图 7-36 所示。焊丝牌号为 H08Mn2Si，直径为 $\phi1.0mm$。

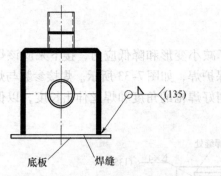

底板　　　焊缝

图 7-35　立板与底板的平角焊缝

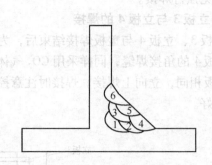

图 7-36　平角焊焊道层数分布图

焊接参数见表 7-12，调整电压、电流、气体流量等。

表 7-12　CO_2 气体保护焊板对板平角焊参数

焊接层次	焊接道次	焊丝及直径/mm	焊接电流/A	焊接电压/V	气体流量/L·min⁻¹	焊丝伸出长度/mm
第一层	①	φ1.0	130~150	19~20	10~15	10~15
第二层	②~③	φ1.0	130~150	19~20	10~15	10~15
第三层	④~⑥	φ1.0	130~150	19~20	10~15	10~15

1. 第一层

焊枪角度如图 7-37 所示，与焊件成 40°~50°角，与焊接方向成 70°~80°角。焊枪作锯齿形上下摆动，焊角高度 $K = 5~6mm$。

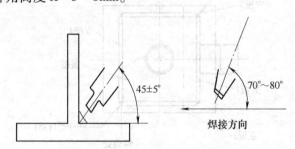

45±5°　　　　70°~80°

焊接方向

图 7-37　焊枪角度示意图

焊接时，先将焊接电流、电压及伸出长度调整好。在焊道的右端引弧，电弧正常燃烧后，焊枪锯齿形上下摆动。焊接过程中注意焊角高度应一致，保持焊速均匀，无咬边。

2. 第二层

焊接第二层的焊枪角度与焊接第一层相同。用上、下两道完成，第一道先焊靠近底板的焊道。采用直线或锯齿形摆动来完成。焊角高度 $K = 8~10mm$。

焊接时焊丝要对准第一层焊缝下趾部，保证电弧在第一焊道和底板夹角处燃烧，防止未熔合产生。焊接过程中，焊接速度要均匀，注意角焊缝下边熔合一致，保证焊缝焊直不跑偏。

焊接第二层中的第二道时，焊缝熔池下边缘要压住上一层焊缝的 1/2，上边缘要均匀熔化侧板母材，保证焊直不咬边。

3. 第三层

焊接第三层的焊枪角度与焊接第一层相同。用上、中、下三道焊缝完成，如图 7-36 所示。采用直线或小幅度锯齿形摆动来完成。焊角高度 $K = 12$ mm。

焊接第三层中的第一道焊缝时，应先焊靠近底板的焊道，焊接过程中，焊接速度要均匀，角焊缝下边熔合一致，保证焊缝焊直不跑偏。第二道焊接时，采用小幅度摆动焊接，焊接速度放慢一些。焊枪摆动到下部时，焊缝熔池要稍靠前方，熔池下沿要压住前一层焊缝的 1/2。第三道焊接时，母材上边缘要熔化均匀，保证焊直不咬边。

 注意：

1）焊枪移动应保持平稳，同时保证焊枪的角度。

2）保证焊丝伸出长度为 10~15mm。

3）焊接电缆摆放时，弯曲半径应大于 60cm。

4）焊接过程中要经常清理喷嘴的飞溅，以免堵塞喷嘴，影响送丝。喷嘴要涂防喷溅剂。

5）CO_2 气体保护焊弧光较强，注意防护；飞溅较大，穿戴好劳动保护。

6）CO_2 气体的纯度为 99.9%。

任务四 焊缝外观检验

一、对接焊缝检查项目及评分标准

检查项目	标准、分数	焊缝等级			
		I	II	III	IV
焊缝余高	标准/mm	0~0.5	>0.5~2	>2~4	<0 或 >4
	分数	8	6	4	0
焊缝余高差	标准/mm	<1	>1~2	>2~3	>3
	分数	12	8	4	0
焊缝宽度	标准/mm	≤21	>21~23		>23
	分数	8	4		0
焊缝宽窄差	标准/mm	≤1.5	>1.5~2	>2~3	>3
	分数	12	8	4	0
咬边	标准/mm	无咬边	深度 <0.5		深度 >1.6
	分数	20	每2mm扣一分		0
正面成形	标准/mm	优	良	中	差
	分数	10	6	2	0
反面成形	标准/mm	优	良	中	差
	分数	8	6	2	0

（续）

检查项目	标准、分数	焊缝等级			
		I	II	III	IV
内凹	标准/mm	无内凹	深度≤2mm		深度>2mm
	分数	8	每1mm扣1分		0
角变形	标准/mm	0~2	>2≤3	>3≤4	>4
	分数	10	6	2	0
焊瘤	标准	无		有	
	分数	4		0	
焊缝（正面、反面）外表成形	标准	优	良	中	差
		成形美观，焊缝均匀、细密，高低宽窄一致	成形较好，焊缝均匀、平整	成形尚可，焊缝平直	焊缝弯曲，高低宽窄明显

注：1. 表面有裂纹、夹渣、未熔合、气孔等缺陷之一的，该试件外观为 0 分。
  2. 焊瘤是指流淌到焊缝之外未熔化的母材上所形成的 $\phi > 2mm$ 的金属瘤。

二、角焊缝检查项目及评分标准

检查项目	标准、分数	焊缝等级			
		I	II	III	IV
焊脚尺寸	标准/mm	8.5~10	>10，≤11	>11，≤12 或 >8，≤12	>12 或≤8
	分数	15	10	5	0
焊缝凹度	标准/mm	≤1	>1，≤2	>2，≤3	>3
	分数	15	10	5	0
垂直度	标准/mm	0	≤1	>1~2	>2
	分数	10	8	6	
焊瘤	标准/处	0	1	2	>2
	分数	10	8	5	0
焊缝错边	标准/mm	0	≤0.5	>0.5~1	>1
	分数	5	3	1	0
表面气孔	标准/处	无	有		
	分数	5	0		
咬边	标准/mm	0	深度≤0.5，且长度≤15	深度≤0.5，且长度≤30	深度0.5，或长度>15
	分数	20	12	8	0

（续）

检查项目	标准、分数	焊缝等级			
		Ⅰ	Ⅱ	Ⅲ	Ⅳ
焊缝外表成形	标准	成形美观，焊缝均匀、细密，高低宽窄一致	成形较好，焊缝平整、均匀	成形尚可，焊缝平直	焊缝弯曲，高低宽窄明显，有表面焊接缺陷
	分数	20	15	10	0

注：1. 外观检查为100分。

2. 气孔检查采用5倍放大镜。

3. 表面有裂纹、夹渣、未熔合、焊穿、焊瘤等缺陷之一，外观作0分处理。

4. 焊缝未盖面，焊缝表面及根部有修补或试件做舞弊标记，该项目作0分处理。

5. 焊瘤尺寸＞2mm，单个气孔直径大于2mm的外观作0分处理。

三、安全技术措施

序号	隐　患	对　　策
1	砸伤、挤伤、碰伤	在料场领料，如需移动管件时，要防止管堆倾倒或突然滑动
		抬管时应顺肩协调用力，互相配合
		运东西时小心挤手、砸脚
2	电击	焊接、组对时要穿戴绝缘劳保手套，靴鞋
		电焊机不许带负荷拉闸
		过路电缆要用钢套管保护或埋地
3	烫伤、烧伤、爆炸	穿戴劳保手套，小心高温，不得用手对焊件试温
		乙炔瓶须安装回火器
		氧气瓶、乙炔瓶必须立放，并保持安全距离
		工作场地须有防火设施
		停止工作时应关闭设备电源开关以及气瓶阀门
4	电焊打眼	焊接时应佩戴防护面罩或护目眼镜
5	工、机具伤害	操作前要事先掌握操作方法，熟悉相应操作规程
		无齿锯、角向砂轮等设备在使用前应检查其防护罩是否牢固
		磨光机打磨时，要佩戴防护眼镜，飞溅方向禁止对人

参 考 文 献

[1] 中国焊接协会培训工作委员会. 焊工取证上岗培训教材 ［M］. 北京：机械工业出版社，2004.

[2] 范绍林. 焊工操作技巧集锦100例 ［M］. 北京：化学工业出版社，2008.

[3] 机械工业职业教育研究中心. 电焊工技能实战训练 ［M］. 北京：机械工业出版社，2005.

[4] 张依莉. 焊接实训 ［M］. 北京：机械工业出版社，2008.

[5] 郭继承，王彦灵. 焊接安全技术 ［M］. 北京：化学工业出版社，2004.

[6] 王新民. 焊接技能实训 ［M］. 北京：机械工业出版社，2004.

[7] 吕玲. 焊工技师应知应会实务手册 ［M］. 北京：机械工业出版社，2006.

[8] 陈倩倩. 焊接实训指导 ［M］. 哈尔滨：哈尔滨工程大学出版社，2007.

[9] 中国劳动和社会保障部就业培训技术指导中心. 焊工 ［M］. 北京：中国劳动社会保障出版社，2002.

[10] 杨跃. 典型焊接接头电弧焊实作 ［M］. 北京：机械工业出版社，2009.

[11] 焊接学会. 焊接手册 ［M］. 北京：机械工业出版社，2007.

[12] 雷世明. 焊接方法与设备 ［M］. 2版. 北京：机械工业出版社，2008.

[13] 张宇光. 国际焊接培训 ［M］. 哈尔滨：黑龙江人民出版社，2002.

[14] 王长忠. 焊工工艺与技能训练 ［M］. 北京：中国劳动社会保障出版社，2005.